日本香道文化

滕军 著

商务印书馆
The Commercial Press

香史

香木漂至淡路岛——日本香文化的序幕

佛堂香仪传奈良——法隆寺与东大寺的香文化宝物

唐宋香风醉京都——平安时代熏香的流行

专注一品喜闻香——从「空熏」至「闻香」的转变

香人辈出定仪轨——三条西实隆、志野宗信、建部隆胜

香道迎来隆盛期——德川家康、后水尾天皇

香木漂至淡路岛

——日本香文化的序幕

距今约 12000 年前，地球上的最后一次冰河期结束。地球回暖，海水上升，日本列岛被隔绝于亚洲大陆之外而成为孤岛。在这之前由西伯利亚经过库页岛进入日本列岛的西伯利亚游牧先住民开始了孕育新文化的漫长历程。他们利用四面环海的地理环境沿海而居，主要靠捕食海物为生；他们还利用多山林的地理环境狩猎野兽、采集树果作为辅助食物。丰饶的渔场和森林使日本列岛上的先住民不难维持生计，这也致使日本列岛没能自发地产生农业。

来自于西伯利亚的先住民本来就有崇拜"万物有灵"的萨满教信仰，再加上日本列岛气候温和湿润，风光明媚、物产丰富的同时，又多台风、多地震、多火灾等，在这些正负因素影响下，先住民崇拜大自然的信仰便成为了日本民族的根性。对大自然的"感谢"与"恐惧"成为了他们与大自然相处的方式。他们认为，所有的收获都是大自然的赐予；所有的灾难都是大自然的惩罚。日本民族逐渐产生了崇拜自然、顺从自然、祈求与自然共存共生的自然观和世界观。

至公元前 2 世纪，日本度过了人类历史上长达 10000 年的最漫长的石器时代。

大约在公元前 209 年前后，以徐福为代表的秦代移民打破了日本列岛居民几乎静止的生活模式。稻米的耕作技术让列岛居民有了稳定主食的同时，也使之产生了剩余、部落、争斗、文明。日本在经过了一个世纪的百余小国争斗、公元57年的倭奴国朝贡东汉、3世纪的邪马台国女王朝贡曹魏、5世纪的大和朝廷求册封于刘宋之后，统一势力逐渐形成。不难理解，日本文明的进步是在大力仿照引进中国先进文明的基础上取得的；日本统一势力的形成是在积极要求中国王朝认可的竞争中形成的。

公元592年，日本开始了由推古天皇（554—628）当政的推古朝时代。推古天皇是一位女天皇，她请自己的侄子圣德太子（574—622）担任摄政。圣德太子精通内外之学，笃信皈依佛教，曾撰写《三教义疏》阐述儒释道奥义，派遣隋使，敬仰华夏文物。特别是圣德太子于607年在今奈良南开建了法隆寺，其保存至今的大部分珍贵的伽蓝及文物都是6世纪末7世纪初的东亚文明瑰宝。

圣德太子在政期间，有一块大香木漂至淡路岛。

淡路岛位于本州岛与四国岛之间，南北约40公里，东西约20公里，总面积约300平方公里。现住人口15万人。据写于720年的《日本书纪》记载：

推古三年夏四月，沉水漂着于淡路岛，其大一围。岛人不知沉水，以交薪烧于灶。其烟气远熏，则异以献之。

既是说，在推古朝三年的四月，一块沉水香木漂至淡路岛，岛上的居民不知何为沉水香，便拿去和其他的木头一起当柴烧。但其强烈美妙的香气飘到了很远的地方。这时，人们才意识到它独特的性质。古代日本人独居在孤岛上，他们渴望与外界的交流，他们本来就把海上漂来的物件视为神物，何况是可以发出异香的香木。于是，岛民们把它献给了当政者。

文中所提到的当政者，就是推古天皇和圣德太子。又据《圣德太子传略》中的记载，太子看到香木后，凭借他丰富的学识，一眼就看出是一块沉水香，并用它做了一尊观音像和一个装经书的盒子。香木漂来事件也成为了日本香文化开启的里程碑。

日本列岛位于欧亚大陆东侧，其气候由亚温带、温带、亚热带组成，不具有产出香木的自然条件。所以，香木、香料的使用和相关的文化都是从岛外传来的。在 15 世纪以前，又是全靠从中国大陆获得。可以说，15 世纪以前的日本香文化是在对中国唐宋香文化的吸收、模仿、咀嚼中形成发展的；15 世纪以后形成的日本香道艺术是日本民族独特的审美意识作用于香事的独特文明成果。

如今，在这块香木的着陆地——日本兵库县淡路市尾崎村有专为纪念这一历史事件的枯木神社，其内供奉着与人体大小相近的一块枯木以为神体，神社内还立有表示日本香文化之源的纪念碑。在奈良吉野郡的世尊寺，供奉有传说用那块香木制作的十一面观音立像，此像高 2.18 米，风格古朴，主体部分在 8 世纪时雕塑而成，在 13 世纪有过修补，观音像的右手长于左手，被解释为乐于助人之相。虽然此像的真伪遭到质疑，但其承载着日本香人们对香木初传日本之历史事件的敬仰之情。此十一面观音木雕像是奈良县级保护文物，此世尊寺是传说中圣德太子建立的 48 座寺院之一。

佛堂香仪传奈良

——法隆寺与东大寺的香文化宝物

    人类好香气是天性使然。人类用香气供奉自己敬爱的神灵是各个文化圈共通的自觉行为。在先秦时期的中国，先人们点燃松柏等有香气的木头祭天，用升烟来与天帝沟通；在古埃及，乳香和没药是献给神灵的贡品；耶稣诞生时，东方三博士带来的是乳香、没药、黄金三种最珍贵的礼物。佛教与香更有着特别的因缘，因为佛教的诞生地印度本身就是一个盛产香料的大国。香可以助道，比如香严童子就是以闻沉香、观香气出入无常而悟道的；香可以供养，如《法华经》列出的十种供养中的四种都是香品（香、抹香、涂香、烧香）；香可以疗病，因身体和心理的疾病聚集到佛寺的人们都可以通过香薰来缓解或治愈。

    佛教东传的过程就是香文化东传的过程。众所周知，日本奈良正仓院收藏有包括唐代传去的近万件宝物。但比这些还要早100年的曾经收藏于飞鸟法隆寺、现在收藏于东京国立博物馆的300余件宝物却鲜为人知。它们中有三块香木。

收藏于法隆寺的沉水香木

香史

三块香木中有一块沉水香，长98.8公分。其他两块是白檀香木，一块直径13公分，长66.4公分；另一块直径9公分，长60.3公分。三块香木均产自印度，上面分别刻有古波斯的文字。可以想象出在7世纪香木传来时的艰辛历程。以上三块香木上分别留有清点文物时所书墨迹，证明它们在761年、782年、855年确实收藏于法隆寺。

狮子镇柄香炉总长36.1公分，高6.9公分，炉口直径10.5公分，用铜锡合金锻造而成，上有折缘，腹深，下配花形座，柄端呈狮子形，整体风格古朴大方。

实际上，在佛教用香的早期，长柄香炉的使用很频繁。在法隆寺的宝物中还有一件玉虫厨子佛龛，为6世纪飞鸟时代的作品。其上的漆画《舍利供养图》中两位对坐的佛僧各手持一具长柄香炉，香炉中香烟缭绕。在香炉的柄把一端，各有一个塔形的盛放香料的盒子（也称宝子）。这也印证了我国六朝时期长柄香炉被广泛使用的情况。

收藏于法隆寺的狮子镇柄香炉

法隆寺玉虫厨子舍利供养图

玄奘法师像

在法隆寺宝物中还有一件《玄奘法师求法归来像》与香文化有关。据研究，此画可能出自南宋的宁波，后辗转东传至日本奈良法隆寺，今被保存于日本东京国立博物馆。图中的玄奘身背着沉甸甸的经书箱子，右手拿拂子，左手拿着最重要的《心经》经卷。经书笈上支有一个大斗笠，从斗笠上吊下一只香炉。在印度修佛17年的玄奘在回程的行李安排上肯定要遴选出最重要的物件，而香炉的入选恰恰说明了香对于佛教的重要性。其绘画的表达应该是符合史实的。玄奘是645年回到长安的，在其后的弘法译经过程中很重视香的使用，特别是檀香的使用。无须赘言，因玄奘的超级影响力，佛教在中国获得了伟大的成就。

在如今东京上野的东京国立博物馆里，有一座专门为收藏展览法隆寺宝物而修建的法隆寺宝物馆。宝物馆分两层，一层展览佛具，二层展览工艺品。历史上，法隆寺曾一度衰弱，一些势力曾打算倒卖法隆寺的文物。为了使珍贵的文物传承下来，法隆寺将所有顶级文物上交给国家，同时获得了经营寺院的资金。东京法隆寺宝物馆与东大寺正仓院被称为日本古代美术收藏的双璧。

日本古代把国家级寺院的主要仓库称为正仓，其所在的院落称为正仓院。现正仓院一词专指奈良东大寺的正仓院。东大寺建于752年，是圣武天皇在位时期最宏伟的一项事业，佛殿高50米左右，本尊卢舍那佛像高30米左右。东大寺是日本国家镇护佛教事业的一大集成，也是奈良时期最辉煌的伟业。754年，鉴真和尚东渡后就曾住东大寺，并于东大寺的戒台上为日本天皇及皇族、贵族数百人授戒。自然，东大寺的仓库也保存有国家级的文物。

在唐代的中国，有迎供佛骨的习俗。即将珍藏的佛舍利取出来展示，令众人供养。据说这样可带来丰年、息灾等好处。在供养佛骨时，皇帝、贵族纷纷拿出自己平日所用珍贵物品，献给佛骨，以此结缘。1987年中国陕西扶风法门寺地宫所发现的数千件珍宝，就是869年最后一次迎供佛骨时的供养物。此佛教习俗也传到日本。756年东大寺的开创者圣武天皇驾崩，光明皇后将圣武天皇的遗物一并献给东大寺，用来供养卢舍那佛。其物品的大部分由正仓院几乎完好地保存至今。

东大寺正仓院内还保存有8世纪东大寺本身的法事用品及光明皇后身后的一些遗物，但其最宝贵的藏品是圣武天皇的遗物。

奈良东大寺正仓院

圣武天皇在位于724年至749年，故于756年。至756年，日本遣唐使已回国12批，其带回的精品唐代文物几乎都被天皇收藏。特别是754年鉴真东渡一行38人带去的唐货，数量和质量是十分可观的。可以说，正仓院的宝物是古代日本的国家博物馆藏品，也是遣唐使功绩的丰碑，是中日文化交流史的伟大物证。

古代日本仓库的建筑采用"校仓式"形式，均为高脚式，四壁用三角形木材搭建。此结构的内侧为平面，可大量吸入湿气，外侧为锯齿形，散湿效果好，有利于文物的保存。

就在这个正仓院里，保存有诸多与香文化相关的宝物。

首先要提及的是一块重要的香木"兰奢待"。关于兰奢待的东渡时间有几种说法：一是说在7世纪圣德太子时从中国传来；二是说在8世纪圣武天皇时从中国传来；三是说在10世纪时从中国传来。据大阪大学药学专家米田该典教授的研究，最后一种说法最符合史实。因为兰奢待香木的内部是空洞，这个空洞不是香木形成时的自然腐烂导致，而是被人为地掏空的，这种将等级不高部分的香木割去的加工方式开始于9世纪的中国。关于兰奢待的入仓时间有确切的资料记载，说是在日本的室町时代（1336—1573）由佛教信徒捐赠。缘于日本人不能对崇拜物直呼大名的习俗，人们将"东大寺"三个字隐藏字中，命名"兰奢待"[①]。

兰奢待是一块高级锥形香木，重11.6公斤，最大直径43公分，产自越南、泰国一带。它一度被认为是黄熟香，但1996年日本宫内厅按科学成分分析，确定是一块奇楠，其香木的一半以上由树脂

---

① "兰"的繁体字形为"蘭"，而东的繁体字形为"東"。

凝聚，整体质地坚硬，用高温或低温加热都能发出稳定的香气。此香木在采集保管运输过程中被切割至少 38 次。目前在香木的表面贴有织田信长、足利义政、明治天皇三人切割处的标识纸条。历史上，尝闻兰奢待成为了日本天皇、将军、贵族、文化人的一种极高的追慕之事。正亲町天皇（1517—1593）赞美兰奢待的香气是"圣代之余薰"，明治天皇（1852—1912）称赞兰奢待的香气"古朴宁静"。

被切割下来的兰奢待继续被分割散落于好香者之手，供香文化爱好者赏玩。目前，名古屋德川美术馆收藏有一块兰奢待，重 34.1 克；东京永青文库收藏有一块兰奢待，重 5.2 克。

日本文化学者西山松之助曾尝闻过兰奢待并留下了如下的尝闻感想：

10 月 31 日，在明治纪念馆的竹之间，我有幸参加了由井上哉子老师举办的香会。其香会由神保博行教授策划，由我和我妻子德穗作为名义上的发起人，集结了数十位一流文化人。经百般周折和精心的安排，我终于还是闻到了渴望多年的"兰奢待"。在这之前，我始终认为，兰奢待会有一种世上难有的独特的香气，但是，当我郑重地捧起香炉静静地尝闻的时候，我对兰奢待的固有观念一下子崩溃了。那是一种无法用语言形容的令人舒适调和的香气，令人的心情爽朗平静、没有任何特殊气味的香气。香气扑面而来令人陶醉。我想世上有很多难得一见的艺术品，像正宗制作的名刀、长次郎制作的名为"无一物"的茶碗、千利休削制的名为"泪"的茶勺等等，她们可能都具有与兰奢待一样的共性。

兰奢待曾于 1997 年和 2013 年两次在正仓院展上展出。

兰奢待名气大，故事多，引人瞩目，但其历史来由略有逊色。

与之相比，正仓院收藏了一块来历清楚的"全浅香"更加珍贵，其中的"浅"字相当于中文的"栈"。此香木长 105.5 公分，重 16.65 公斤，不沉水，配有一块牙牌。其铭文中写道："此香曾在胜宝五年（753）的仁王会上使用后，献给了东大寺大佛。"在日本的奈良和平安时代，为祈念天下太平、国泰民安，经常举行国家级的诵读《仁王般若经》大法会。届时要设 100 个高座，请 100 位高僧一起诵经，也称"百座会"。据记载，胜宝五年，在奈良大安寺举办了隆重的仁王会，在仁王会上使用了这块珍贵的沉香木烧香供佛，会后将此香木献给了东大寺用于供养卢舍那佛。从中也能看出东大寺作为国家总国分寺的独特地位。

"全浅香"作为正仓院的重要文物，曾于 2008 年在正仓院展上展出。每年秋季有一次正仓院展，至 2016 年已经举办了 68 次，每次展出的宝物在 70 件左右。

松原睦在《香文化史》中把正仓院收藏的香文化相关宝物做了详细的归纳，读后令人感慨，现摘引如下：

一、香药香木类

黄熟香（兰奢待）、全浅香（沉红）、沉香片、麝香、桂心、胡椒、荜拨、丁香、薰陆、木香、衣香、小香袋。

二、香炉类

银熏炉、铜熏球、白铜柄香炉、紫檀金钿柄香炉、黄铜柄香炉、赤铜柄香炉、白石火舍、金铜火舍、白铜火舍、金铜合子、漆金箔绘香印座。

三、家具摆饰类

沉香金绘木画水晶盒、沉香木画盒、沉香细螺木画盒、沉香木画双六棋盘、沉香末涂经筒、白檀八角盒、素木如意盒、刻雕莲花佛座、黑漆涂香印押型盘、黑漆涂平盘、紫檀木画盒。

四、文具类

三合鞘刀子、沉香把鞘金银花鸟金银珠玉装饰刀子、水牛角把沉香鞘金银山水绘金银珠玉装饰刀子、沉香把鞘金银珠玉装饰刀子、金银装饰横刀、沉香斑竹桦缠管斑竹帽白银装饰毛笔、未造了沉香木画笔管、木尺。

可以看出，正仓院收藏了来自世界各地的香文化宝物。在8世纪时，香不仅用于供佛，也用于生活。人们把香木镶嵌在刀鞘、文具等生活用品上，把香木等同于金银珠玉看待。除了沉香檀香之外，那时的日本上层已经开始使用丁香、藿香等香药制作的合香。据正仓院文书《买新罗物解》的记载，天平胜宝四年（752），一位贵族从新罗商人手里买了薰陆香、青木香、丁香、沉香、藿香、安息香、龙脑等香药，还买了衣香、薰衣香、薰香等。在那一时期的中日航线上，新罗商船比较活跃。在上述宝物中，最受关注的是银熏炉。

正仓院银熏炉

该银熏炉横径18公分，纵径18.8公分，重1550克，配有炉托，镂有狮子凤鸟卷叶花纹。它是756年光明皇后献给东大寺大佛的第四批宝物之一。在献宝名录《屏风花毡等帐》中有明确的记载，当是遣唐使从中国携回之物。此种熏炉内设计有三重转轴，最内层悬挂焚香的小钵盂，即使在移动中使用香火也不会外溢。宋代《陈氏香谱》称其是"被中香炉"。

1963年在西安沙坡村，1965年在西安三兆村，1970年在西安何家村，1987年在陕西扶风法门寺均有出土。其中何家村出土的直径4.5公分，最小。法门寺出土的两件熏炉中有一件直径12.8公分，最大。相比之下，由正仓院收藏的这只银熏炉的尺寸是比较大的。在正仓院还另有一只铜熏炉直径24.2公分。这说明，日本遣唐使回国时，总是要带走同类物品中最好的。

正仓院收藏有四个长柄香炉，其中的紫檀金钿柄香炉最为精致。该宝物由炉、座、柄三部分组成。结构主体部分由紫檀木制成，

正仓院紫檀金钿柄香炉

炉体由金铜制成。另配有炉盖（不用时可以保护香灰不受潮不四散），盖钮取狮子造型。炉体表面有用金镶嵌的花卉、鸟、蝴蝶花纹，其花蕊部分镶嵌有彩色水晶。炉座部分以及长柄的上面和侧面均装饰有用金镶嵌的花卉和用彩色水晶镶嵌的花蕊。长柄的前端有镂空金盘，上承两个香宝子和大水晶珠子。长柄后端有狮子造型的铜制镇脚。使用者为保护此香炉，在长柄上加包了红色绫子并用红黑色丝绳缠绕。

长柄香炉在佛教的法会上是必需品。为表达仪式的神圣，在法会正式开始时，僧侣们往往排成队列，手持长柄香炉边唱经边绕场巡步。长柄香炉不烫手。为了让香气持续不断，僧侣们还时时从香宝子里捏出香碎添加到香炉里。香炉里埋有炭。当行香环节结束后，便可以将长柄香炉放在佛坛上，继续用香气供佛。这时就需要香炉的稳定性，长柄后端的镇脚就必不可少了。

从多个史料可知，在我国六朝至隋唐时期，长柄香炉被频繁使用，后可能是由于禅宗占据了佛教活动的主体，禅宗法会不用长柄香炉的缘故，长柄香炉在宋以后很少出现。而在日本，存续着隋唐时期东传过去的多种佛教宗派，尤其密教很是兴盛，与之相关的长柄香炉至今仍被日常化地使用着。在京都延历寺、智积寺、东寺，奈良的西大寺、高野山的金刚峰寺的法会上，都可以见到正在使用的实况。

长柄香炉虽然可以在移动中使用，但持续发香的问题并没有得到很好的解决。在我国的唐代便出现了印香。在正仓院的香具里就有一对来自中唐的宝物——漆金箔绘香印坐。香印坐由岩石状的台座、32 瓣莲花的主体部分、象征莲肉的香印盘三部分构成。

正仓院漆金箔绘香印坐

总高 18 公分，直径 56 公分，底座上各有墨书"香印坐"三个字。莲花瓣上用金箔和颜料画满了飞天、花鸟的图案。

　　作为此香印坐的配件，正仓院还收藏有黑漆涂香印押型盘。专家这样描述印香的操作过程：

　　1. 在押型盘的沟槽部分填满抹香。

　　2. 用灰把押型盘填满，压实压平。

　　3. 用另一个平底金属盘子压住押型盘，上下翻过来。

　　4. 上提押型盘，现出沟槽形状的花纹。

　　5. 从一笔连书的一端点燃香粉。

　　据正仓院保存修理指导室长谷口耕生的研究，此香印坐当是第 10 次日本遣唐使吉备真备于 735 年从长安携回的。

唐宋香风醉京都

——平安时代熏香的流行

　　一般来说，在中国有过的古代文化现象都会或多或少地东传到日本，两宋香文化的东传也不例外。

　　根据傅京亮的记述，[①]自唐代起，香文化已进入了精细化、系统化的阶段，香品的种类更加丰富，制作与使用更加考究。用香成为了宫廷礼制的一项重要内容，政务、祭祖、殿试、宫苑都需要熏香。国力的强盛和海陆交通的拓展使香药的流通更加便利。在与周边国家的交往贸易中，香药是最重要的经营内容。来自大食、波斯的檀香、龙脑香、乳香、没药、胡椒、丁香、沉香、木香、安息香、苏合香等为唐朝香事提供了丰富的香料保障。

　　9世纪的日本因航海技术的落后还不能直接与香料出产国进行贸易，通过中国获得香药香料是其唯一的途径。历次日本遣唐使回国和历次中国访日团赴日都带去了数量和质量可观的香药香料。鉴真和尚第二次组团东渡的物品清单上有麝香二十脐、沉香、甲香、甘松香、龙脑香、詹唐香、安息香、栈香、零陵香、青木香、薰陆香等。据松原睦的记述，839年，最后一批遣唐使中的一位——圆仁（慈觉大师）曾在唐朝参与香药私下买卖，被唐政府官员在香药市场当场抓捕；[②]874年，日本朝廷还派伊豫权橡大神已井、

① 傅京亮《中国香文化》第57页，齐鲁书社，2008年。
② 圆仁《入唐求法巡礼行记》卷一。

丰后介多治比安江两位官员前往中国专门收买香料。于晚唐时期活跃在东北亚的新罗商人也为日本不断地运去香料。自晚唐开始唐朝商人的香料贸易活动也在日本史料上留有足迹:《高野杂笔集》（852）中有"今将百合香十两、充代后处"和"五斤香处理"的记述；《类聚国史》（807）中有"大唐信物绫、锦、香药等"的记述。[1]

唐朝香料的充盈给日本提供了较稳定的香料供应，唐朝的种种香事活动形式也影响了日本。据傅京亮记述，[2]唐玄宗曾在华清宫以香木搭建仙山。《明皇杂录》记载："尝于宫中置长汤屋数十间"，"为银镂漆船及白香木船置于其中"，"汤中垒瑟瑟及丁香为山，以状瀛洲方丈"。《开元天宝遗事》记载，权倾朝野的杨国忠宅中有四香阁，"沉香为阁，檀香为栏，以麝香乳香和泥涂壁"。这些用对香料的占有来表达权贵的方式在日本的9世纪也有所记载。

根据松原睦的整理，[3]850年，日本仁明天皇40岁时，在其头花装饰上就使用了沉香（口叼花卉的金鸟站在用沉香雕刻的山上）；913年，在一次亭子院和歌会的摆饰台上，有两个银瓶，里面装有珍贵的沉香与合香[4]；953年，在内宫举行的赏菊会上，装饰有用沉香雕刻的船和桥摆件；960年，在村上天皇举办的内宫和歌比赛上，点燃了名为"黑方""侍从"的两款合香。另外，在9世纪留下来的食盘、经卷盒、文具上也多镶嵌有沉香。

① 松原睦《香的文化史——以沉香在日本的使用历程为主线》第28页，雄山阁，2012年。
② 傅京亮《中国香文化》第70页，齐鲁书社，2008年。
③ 松原睦《香的文化史——以沉香在日本的使用历程为主线》第29页，雄山阁，2012年。
④ 合香由各种香粉掺蜂蜜炭粉糅合而成，形状与中药的蜜丸同。

香史

香丸（近年仿制）

894 年至 1191 年是日本的平安时代，都定京都。这一时期也被称为日本的贵族时代、国风文化时代，是日本民族文化的酝酿时期。以藤原道长为首的藤原氏外戚专权，由此，内宫文化、女房文化得到了洗练，熏香也在这个历史背景下非常流行。占有各种名贵香料成为权贵的符号，创意独特的香方成为贵族修养的标志，拥有独特的香气成为家族身份的名片。

日本平安时代的合香制作方法和使用方法大致是这样的：以沉香为主，加上丁香及薰陆香等，磨成粉末，添加蜂蜜或葛根粉作为黏稠剂，添加梅肉或炭粉作为防腐剂，糅合成团后将其埋入土中三五日后使用。使用时，把炭点燃埋入灰中，把类似中药丸的合香（根据香炉的大小和房间的大小、使用目的的不同来决定香丸的大小，大约黄豆大小）放置热灰处，令香气四溢。

比较我国的和香用香料，日本在香料的比配中更多使用沉香，这恐怕是由于日本较缺少中草药的供给及较少有香药概念的束缚。

在和香用添加剂方面，日本较多地用炭粉和梅肉，这恐怕是由于日本的气候多湿潮热所致。

自894年^①，日本政府停派了遣唐使，但日本对中国文化的吸收并没有停止。这是因为，中国商船在中国与日本福冈之间建立了较稳定的航线，承载着中国文化信息的中国物品被源源不断地运送到日本。894年或者说839年以后的日本对中国文化的摄取恐怕更有选择性、更全面、更深入、更个性化，像香文化这样的生活文化反而得到了更广泛的传播。例如：875年，在藤原佐治所著的汉籍藏书指南《日本国见在书目录》中收集有传到日本的唐朝香学著作《诸香方》《龙树菩萨和香法》；大约编辑于9世纪的《高野杂笔集》中谈到了"百合香"；大约写于970年的《宇津保物语》中提到了"大唐和香"；大约成书于1008年的《源氏物语》中涉及了"百步香"。

随着中国香书、香方的东传，日本的熏香文化逐渐流行开来。据史料记载^②，桓武天皇的弟弟贺阳亲王（794—871）、外戚藤原冬嗣（775—826）、大贵族滋野贞主（785—852）、嵯峨天皇第六皇子源定（815—863）都留下了冠名的香方。延喜年间（901—923）的源公忠和大和常生还搞过戏称为"合香之役"的熏香制作比赛。

熏香活动的种类大致有衣物熏香、聚会熏香和佛堂熏香。

日本古代贵族十分倾慕依赖中国的丝绸。因气候等原因，中国的蚕吐出的丝非常细软有弹性，加上高超的纺织染色技术使得

---

① 894年日本政府决定不再派遣唐使。实际上，839年最后一批遣唐使返回日本，因此，日本遣唐使的中断应该在839年。据史料记载，自841年，中国商船就开始在福冈的贸易。
② 此处参考了藤原范兼《薰集类抄》。

日本古代的贵族们把拥有中国丝绸当作财富的象征。为了表达多多拥有，日本平安时代的贵族服饰的样式形成了敞襟大袖的模式。男贵族的正装称"束带"，身后配有拖地两米左右的金丝织锦绫带，此织锦绫带在正式集会时需要展示在宫殿的栏杆上，行走时卷收在腰间。女贵族的正装称"十二单"（"单"是层的意思），需十二层之多，里层的衣服比较大，外层的衣服比较小，领口和袖口处要现出层层叠叠之状。最外层的一件需要用最好的金丝织锦绫子缝制，称"唐衣"。

随着"十二单"服饰的确立，与之相搭配的"垂发"发型也定格了下来。但实际上，日本的气候很潮湿，密度极高的中国丝

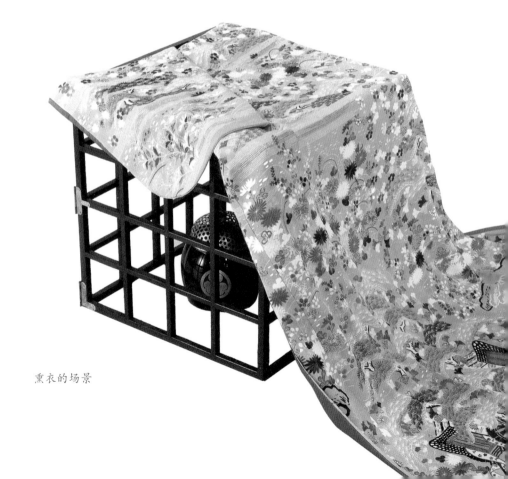

熏衣的场景

绸不适合日常的穿着，洗起来更麻烦。于是，用熏香的方法来对衣物、长发进行消毒驱臭就成为了必不可少的活动。贵族们根据各家的经济能力、按照自家喜爱的香型调制合香，把和服搭在熏衣架上，在熏衣架下放置熏炉。有时，为了增加熏衣的湿度，熏炉下加置水盆。此外，还有熏香枕、香臂搁等生活中必备的香具。

日本古代贵族生活中多有文化聚会活动。由日本天皇的万世一系产生的政治世袭制度令日本贵族们对政务不热心，而是把主要精力和时间放在了提高个人修养、打发时间的文化聚会上。其后产生的茶道、花道、香道等文化就是这种文化特色的延伸。在平安时代，有和歌会、蹴鞠会、雅乐会、赏月会等等。那时的天皇也是在频繁举办各种例行的岁时活动中来强调自己的地位。于是，为营造文化聚会的氛围，熏香就成为必需的事情了。人们往往在聚会之前把香炉点燃，如果是大会场就要用上四五个香炉。1050 年，在祐子内亲王举行的歌会上，宫内的女官们送来了一份贺礼：神龟造型的熏炉上置有云母片，云母片上放有一块合香，香气四射，"兰麝漫薰"。1153 年，在大贵族藤原家成宅邸——五条坊城亭，举行了有 30 人出席的赛香会，其豪华奢靡程度令人担心国破政衰。

在《源氏物语》（1008）"梅枝卷"中描写了主人公光源氏为女儿的成人礼制备香丸的情景：光源氏把自己积攒的香料分给了几位妻妾，命她们各自制作两款香丸，并说要以香气的浓淡为基准进行测评，于是一场制香比赛便开始了。药碾的滑动声此起彼伏。光源氏自己也躲进密室，按照仁明天皇年间（833—850）的承和秘方制作了《黑方香》《侍从香》。过了一会儿，前斋院

《源氏物语·梅枝卷》场景（17世纪）

朝颜姬君送来了她制作的香丸。只见一只沉香木箱子，内装两个琉璃罐子，一个是藏青色的，一个是白色的，里面都盛着大粒的香丸。罐子的盖上分别装饰着松枝和梅花。系在两个罐子上的带子也都非常考究。于是，光源氏命令其他的各位妻妾也把制作好的香丸拿来试香，请来胞弟萤兵部卿亲王做评判。

萤兵部卿亲王认为，各种香丸互有短长，难于断然评定。其中朝颜姬君的《黑方香》幽雅沉静，与众不同。光源氏制作的《侍从香》最为浓郁，香气文雅可爱。紫姬所制的三种香剂之中，《梅花香》的气味爽朗新鲜，高级香料分量足，故有一种珍奇的香气。萤兵部卿亲王赞道："在这梅花盛开的季节，风里飘来的香气，恐怕也不能胜过它吧。"地位较低的花散里，闻知各位夫人互相竞赛制香，不敢与人争宠，只做了掺有荷叶的《荷叶香》，但香气特别幽静，异常芬芳可爱。从偏远地区嫁过来的明石姬，本想调制《落叶香》，但念此香比不上别人，就按照宇多天皇（887—897年在位）留下来的方子制作了《百步香》。萤兵部卿亲王认为此香香气馥郁，异乎寻常，人工最为巧妙。按照他的评判，各香各有优点。由此，光源氏讥笑他道："你这评判者真是面面光啊！"

平安时代中期醍醐天皇的延喜年间（10世纪初），合香开始普及到中流以下的贵族。出现了有丰富专业知识的和香家。同时，记录有和香技巧与香方的小册子开始在社会上流传。开始时，日本人忠实于中国传来的香方来制作合香，后来，制作合香所必需的进口香药经常断档，加之药气较重的中国合香难以满足日本贵族用香的实际目的，于是，日本和香家们开始了自创香方的历程。

1165年，日本最早的有关熏香文化的著述《薰集类抄》问世。作者藤原范兼（1107—1165）是日本平安时代后期的一位官人、儒学家、歌人。他奉白河天皇之命，搜集整理了以前的有关熏香的香方、熏香的制法、熏香的人物等资料，汇集成书，献给了朝廷。《薰集类抄》由上下两卷组成。上卷记述了23种、107个香方，下卷记述了香料、调制要领等。全书涉及49位熏香人士，其中的大部分是平安时代的可确认的日本人，还有一部分是东渡的中国人或书籍上出现的中国人。《薰集类抄》对中国的香文化在日本的引进创新过程做了确切的记述，其中有不少关于中国香文化史的佐证，史料价值十分珍贵，但一直缺少系统的研究。

2013年，广岛女学院大学综合研究所田中圭子研究员出版了《薰集类抄的研究》，该著篇幅宏大，阐述深刻。

《薰集类抄》所集 23 种香方有：梅花香、荷叶香、侍从香、菊花香、落叶香、黑方香、坎方香、熏衣香、增损化度寺香、裛衣香、百步香、百和香、令人体香、浴汤香、润面膏、甲煎香、建医师衣香、香粉、烧香、印香、供养香、金刚顶经香、观世音菩萨留湿香。在《梅花香》条目下记录有 30 个香方，其中有 28 个是有明确传承人的香方。以下是日本独特熏香文化成果的六大香方，首先是：

藤原冬嗣《梅花香方》：

沉八两二分、詹唐一分三铢、甲香三两二分、甘松一分、白檀二分三铢、丁子二两二分、麝香二分、薰陆二分。

较之我国宋代的《陈氏香谱》（约 920）中所示七种《梅花香》香方来说，日本香方使用沉香的比例很大，几乎占总香料的 70% 以上。并且认为，要香品发出疑似梅花的香气，重要的是加入詹唐香[①]和甘松。日本的詹唐香全靠中国进口，但后来进口减少甚至断货，日本和香家们使用丁子、艾纳、楠木、泽泻来代替。《梅花香》是一款春天用的香。

《荷叶香》条目下记录有 5 个香方。第一个如下：

源公忠（889—948）《荷叶香方》：

甘松花一分、沉七两二分、甲香二两二分、白檀二铢、熟郁金二分、藿香四铢、丁子二两二分、安息一分。

《荷叶香》中最独特、最不可缺少的香料是熟郁金和甘松。有的人在这款香里加入了莲花萃取液，使其香气更加沉稳圆润，在赛香会上博得赞美。《荷叶香》是一款夏天用的香。

---

① 詹唐香，樟科山胡椒属植物红果钓樟（Lindera erythrocarpa Makino）的枝叶经煎熬而成的加工品。《新修本草》："詹唐树似橘，煎枝为香。似砂糖而黑，出广交以南。"

《侍从香》条目下有22个香方。其中的一个如下：

滋野贞主《侍从香》：

沉四两二分、丁子二两二分、甲香一两二分、熟郁金一两、甘松一两，或加詹唐大一分，又说停郁金、加麝香小二分，又或用黄郁金。

《侍从香》的"侍从"二字指服侍贵人日常生活的随从，在这里恐怕指贵人不能离身的美妙的熏香。除了《侍从香》，在同一时期还有《拾遗香》《补阙香》，恐怕都是一个意思。《侍从香》中不能缺少的香料是郁金香和麝香。《侍从香》是一款秋天用的香。

《菊花香》条目下只有一个香方。如下：

佚名《菊花香》：

沉四两、丁子二两、甲香一两二分、薰陆一分、麝香二分、甘松一分。

清慎公云，菊花方者长生久视之香也。闻之薰之者，却老增寿。枇杷左大臣习传之。亭子院前栽合左方用菊花方，右方用落叶方，云云，我好此方常用之。但麝香一分可令加进之。菊花盛开，其香芬馥时，折花置旁，和合之。或人云，旧干菊花一两许加之，云云。水边菊下埋之经二七日许，入瓷瓶，坚封口，取出又经二七日许用之。若有急用者，不用此说而已。

此方的作者不详。方后引用了清慎公（摄政太政大臣藤原实赖的谥号）的一段话。清慎公本人常用这款香，有时加进一点麝香，有时加进一些菊花。按照清慎公的说法，此香方传自枇杷左大臣（正二位左大臣藤原仲平）。此款菊花香曾在宇多法皇（867—

931)^①的御所亭子院里举行的一次庭前花木比赛^②中使用过。当时，左队贵卿用了菊花香，右队贵卿用了落叶香。关于其用法，田中圭子推测为：在各自所在的东厢房、西厢房里点燃各自的熏香，将香气放出。^③《菊花香》是一款秋天用的香。

《落叶香》条目下也只有一个香方。如下：

佚名《落叶香》：

沉四两、丁子二两、甲香一两二分、薰陆一分、麝香二分、甘松一分。

《落叶香》与《菊花香》的基本内容是一样的，是一组对香，但《菊花香》需要添加菊花，二者的香气当然就不一样了。在日本文化里有"季语"的概念，即在和歌、连句、俳句等诗体中必须包含表示季节的词语。

表示春天的季语：余寒、薄冰、舍头巾、莺、山樱、蕨菜。

表示夏天的季语：入梅、红富士、团扇、青鹭、莲花、蚕豆。

表示秋天的季语：新凉、枯野、稻草人、蟋蟀、菊花、沙丁鱼。

表示冬天的季语：短日、山眠、怀炉、鹰、落叶、柿饼。

关于"落叶"这一季语是属于秋季的，还是属于冬季的？自古以来很有争议。因为日本的气候比较温暖，大部分植物往往在初冬才开始落叶，所以最后"落叶"被规定为是冬天的季语。那

---

① 天皇退位后住进寺院的，称为法皇。
② 在世袭政治的日本古代，天皇需要经常举行各种格调高雅的文化聚会来表明自己的存在。其中，有一种对峙性雅集，即天皇坐北朝南，贵卿们分为左右两队进行比赛。其中有：和歌比赛、闻香比赛、菊花比赛、蹴鞠比赛等等。比赛庭前栽种的花木如何美丽以及赞美其花木诗文的优劣的雅集被称作"前栽合"，此处译为"庭前花木比赛"。
③ 田中圭子《薰集类抄的研究》，三弥井书店，2012 年。

么《落叶香》也就被视为冬季用香了。

六大香方中的最后一款香是《黑方香》。《薰集类抄》中收集有 24 个《黑方香》。《黑方香》是冬季用的一款香，据说，冰天雪地时用此香不怕受寒。"黑方香"又称"玄方香"，依据中国五行学说都指北方、冬季。《黑方香》多用珍贵的麝香，为了使麝香增加发香时间还多用甲香。因为这两种香昂贵，故《黑方香》在众香方中属于品位极高的香方。其气味十分强烈、穿透力强、持续时间久，特别适合冬季气温低、干燥的气候。由于《黑方香》的配方和名称在中国香谱里没有出现，故被认定为是日本人考案发明。以下是 24 款《黑方香》中的一款：

藤原遵子《黑方香》：

沉四两、丁子二两、白檀一分、甲香一两二分、麝香二分、薰陆一分。

先放入沉香、丁子香，再依次放入白檀、麝香、薰陆，倒入蜂蜜和葛汁浸润。六铢等于一分，四分等于一两，十六两等于一小斤，四十八两等于一大斤。小三两等于一大两，小三分等于一大分。如果打算只做少量的香就要认真计算一下。黑方香的香气很浓烈，是侍从香、梅花香不可比拟的。

其他的 23 个《黑方香》香方与上述香方基本一致，但在个别香料的分量比率上有所不同。

以上的 6 种香方《梅花香》《荷叶香》《侍从香》《菊花香》《落叶香》《黑方香》先后形成于 9 世纪末 10 世纪初，与宋代《陈氏香谱》的成书年代接近。鉴于《陈氏香谱》的东渡难以考证，可以说日本平安时代的这六大香方是在参考了唐代香方的基础上由日

平安时代定型的六种香丸

本人独自考案发明的。平安时代的贵族们根据自己的特殊需要、气候条件、香料供给情况等创制了这六大香方。在这里要特别注意的是六大香方对自然环境、季节变化的关照。

"万物有灵"的原始信仰使日本人养成了观察自然、注意四季变化的生活习惯。他们把春花开、秋叶落等自然景物的四时变化都看作是神的来访。日本大和绘的主题往往是对春夏秋冬的描写，日本的和歌俳句中不能缺少表达季节的词语，日本茶道中要使用表达季节的茶具。日本香道的六大合香分四个季节使用，其中：

《梅花香》是在春天使用的，模拟梅花的香气；

《荷叶香》是在夏天使用的，模拟荷叶的香气；

《侍从香》是在秋天使用的，是令人敬畏的贵人的香气；

《菊花香》是在秋天使用的，模拟菊花的香气；

《落叶香》是在冬天使用的，是成熟了的秋野的香气；

《黑方香》是在冬天使用的，是令人身心温暖的香气。

六大合香中用于秋冬的分别是两种香，这正说明了处于阴刻的秋冬季需要更多地熏香的物质规律。

在《薰集类抄》整理的 23 种香方中，有许多来自唐朝的香文化踪迹。在《薰衣香》的条目下，有东渡唐僧长秀的主张，其中说：

> 唐僧长秀曰，作薰衣香，用蜜和合，是劣方也。作瓷瓮，穿其底，重四五口许，其最上瓮，出小烟之孔，穿五处以挠，或时盖塞，或时取去，以熏炉，居瓮下，割沉香，燃之，其烟多着瓮底里，而或如露落炉边，其时止也。出炉，而居外，取瓮，以木倍良判取其脂，入一器之中，取诸香，任法春筛，和件沉脂而盛温器之内，纳量取之任用，其香极芬芳也。

在《薰衣香》的条目下，还有《洛阳薰衣香》《会昌薰衣香》。洛阳是唐朝的陪都，会昌既是唐朝的年号又是唐朝的一个地名。在《裹衣香》条目中，有《邠王家裹衣香》，"邠"是古代中国西部的一个国家。在《百和香》的条目中，有《化度寺百和香》，"化度寺"是唐朝长安的一个寺院，在我国的《陈氏香谱》中也有化度寺的香方。可以说，长安化度寺是一个香文化盛行的寺院。

据田中圭子的考证，《薰集类抄》整理的 23 种香方中的后 11 个香方未曾被日本人改动，是传自唐朝的原方。这些香方主要用于供养神佛、香身健体，在中国的盛唐、日本的奈良时代传入日本。

《薰集类抄》的下卷记述了调制要领和香料。分别有 12 个条目：和合时节、煎甘葛、炮甲香、春香、筛绢、筛后斤定、合筛、

香史

和香次第、合和、合春、埋日数、诸香。其中的大部分条目记述了中国唐朝和香家、日本和香家双方的制香技巧，但在筛绢、筛后斤定、合筛、和香次第四个条目中只记述了日本和香家的制香技巧。具体内容如下：

筛绢：提倡香粉以细为胜，用缣（比绢更细）筛，则做出的香丸外表光滑好看，用时发香快。

筛后斤定：因为香粉在被筛后会减分量，提倡筛后再称重。

合筛：将香粉分别细捣后用缣筛，然后合在一起，搅拌五六次，合筛两次。

和香次第：提倡加蜜后动作要快，最后放麝香时，用筛子撒匀。

以上4项日本独特的制香技巧恐怕是为了满足日本贵族们赛香的需要。赛香时讲究香丸外表的美丽，要求香丸立即发香，颗粒细腻的香丸自然发香迅速。

在《诸香》条目中，记述了25种香料：沉、丁子、白檀、薰陆、麝香、詹唐香、郁金、苏合香、甘松、鸡香、藿香、安息、枫香脂、艾纳、甲香、龙脑、青木香、白芷香、零陵香、桂心香、木兰香、豆蔻香、香附子、茅香、白术香。因为日本所在的列岛地理环境不具备香料生长的气候条件，所以，所有的香料都是进口的。在记述中也多引用了来自唐朝的观点。其中值得注意的是有关《造沉香法》的记述，大体的方法是用香稻、女菊酿成米醋后浸泡枫木或青桐木。相关的史料值得关注。

专注一品喜闻香

——从"空熏"至"闻香"的转变

1192 年日本平安时代结束，镰仓时代（1192—1333）开启。镰仓时代是一个由武士掌权的时代，夺权者以"为天皇守边而建阵中帐子"为名目，让天皇封自己为"将军"，把政府机构称为"幕府"。武士头领家族源氏在现东京的西南 50 公里处的镰仓建朝，架空了京都的天皇，失去了政治优势和经济优势的皇家贵族开始衰落。需要高价进口香料的香文化也发生了巨大的变化。制香秘方流传至民间，新兴的武士、商人、禅僧群体加入了用香阶层。随着世界香料贸易的活跃，沉香与各种香料供应的相对稳定，香剂、香屑与香木开始混搭使用。特别要关注的是日本禅寺的香事。

日本建仁寺禅堂用香场景

直到 13 世纪，日本香料的供应基本上全靠中日航线。元代延续了宋代的东南沿海贸易，并向东南亚及印度西海岸各国派遣招抚使，积极完善与南海诸国的贸易体系。在这之中，中国人对香木认识的提高和大量采买为向日本输送质优量大的香木提供了保障。从1167年起，日本解除了不让国人下海的海禁令①，促使日本商船大量来华，在这之中，中国从南海诸国采买来的香木香料也随之运抵日本。

这一时期也正值中国禅学兴盛。禅学主张"不立文字，教外别传，直指人心，见性成佛"。这对于有汉学障碍的日本人来说较易接受。加之源氏政权为在文化上独树一帜，积极地引进了中国禅学。其外戚实权首领北条氏一族，如北条时赖（1227—1263）、北条时宗（1251—1284）等都皈依了禅门，并把禅学作为了武士阶级的思想支柱和必修课。这就引得日本各地禅寺如雨后春笋般迅速建立，僧人们纷纷涌入中国式禅寺。为求得中国制造的禅院的经书、香炉、木鱼、文房四宝等用品，各路商船直奔中国而来，中国禅院的用香方式也随之传至日本。

在这一时期，居住在京都的皇家贵族们继续使用由多种香料制作的合香，用其熏衣服、清洁空气。但一部分新兴武家势力和新兴起的禅寺开始使用沉香一味的单品香。使用沉香一味的单品香时多称"一炷香""一种香"。后者是传自中国禅寺的新的用香模式。

在宋代《禅苑清规》和元代《禅林备用清规》上，有多处"烧香一炷"的表达，并规定：在阅读重要来信时先要焚香礼拜。1279年从宁波天童寺来到镰仓的禅僧无学祖元（1226—1286）就在阅读将军的来信时"一炷香览讫"。从宁波天童寺留学回到

---

① 日本平安时代，外戚藤原氏专权，藤原氏为维护国体和独揽中日贸易利润，禁止日本民间商船参与中日贸易。1167年，武士平氏掌权，复又提倡民间贸易，支持民间往来。

日本的道元（1200—1253）著《正法眼藏》中描述：施主入山请僧看经①或弟子向师傅问禅时，施主和弟子需要自备沉香片，把沉香装在衣襟或袖子里，当场焚香后才能开始禅事。美妙的沉香令法喜禅悦，想必会是一段美好的时光。

虽说日本禅寺多使用单品沉香，但在唐代东传的日本密教寺院里仍用"烧香"。"烧香"在日语中有名词和动词两种意思。作为名词的"烧香"指由各种香木屑混合而成的香碎；作为动词的"烧香"指将香碎添加在埋有炭火的香炉灰上的动作。密宗重要仪式上的烧香里要求有五种主要香料：沉香、檀香、丁子、薰陆、苏合，统称"五香"。在仪式上，五香还被撒在佛坛周围，称"散香"。将香屑磨细，拿起经书前涂抹在手上称为"涂香"。这些用香方法沿袭至今。

接替镰仓幕府的是室町幕府（1336—1573）。室町幕府的将军同样把天皇架空，称自己是给天皇守边的"征夷大将军"，但实际上掌控了日本国家的实权。室町幕府甚至不再担心天皇的势力威胁，干脆把幕府（中央机构）建在了天皇的眼皮底下、京都的室町道上。日本从此进入室町时代。

自这一时期起，日本的沉香流通结束了依靠中国的历史，开始通过琉球从南海诸国直接获得沉香。大量沉香涌入日本，促进了日本独特的闻香文化的发展。

14、15世纪是东北亚各国政权动荡的一个时期。在日本，镰仓幕府灭亡，室町幕府兴起；在中国，元朝灭亡，明朝兴起；在朝鲜，

---

① 指默读经文或研讨经文。

王氏高丽灭亡，李氏朝鲜兴起；在琉球，尚氏统一三山，建立中山王朝。政治格局的动荡给沉香的流通带来了影响。明朝洪武帝为制止倭寇的活动，在 1371 年实行了海禁。宋元时代的沉香流通被割断，日本失去了从中国获得沉香的可能。而琉球国在此期间发挥起东亚中转贸易基地的作用，开始与三佛齐、爪哇、满刺加、苏门答腊、巡达、佛太尼、安南等国开展贸易。由此，大量沉香运抵日本，甚至这些沉香经过日本再被运至朝鲜半岛。

足利氏是室町幕府的将军家族，其势能比较弱，对政局的掌控不利。但明朝在实行赐多收少的勘合贸易中承认足利将军为"日本国王"，并赐给了足利家族诸多的明朝宝物（这些宝物被当时的日本人称为唐物），这对足利政权是一个巨大的支持。足利家族沿袭了十五代将军之位，从 1366 年勉强执政到 1573 年，史称室町时代。期间，1336 年至 1392 年，日本天皇家为争皇统分成两派，光明天皇坐拥京都，后醍醐天皇建朝于奈良的吉野，双方对峙约 60 年，史称"南北朝时代"。1467 年，足利家族内乱导致大战，各地战国大名纷纷独立自治，至 1573 年才有战国霸主织田信长统一全国，这段将近 100 年的时间被称为"战国时代"。

这里要关注的佐佐木道誉（1306—1373）就是在上述历史背景下出现的一位武将、文化人、香人。佐佐木道誉出身名门，曾掌管六国的军事，拥有诸多的唐物。[①] 在一次战役中，佐佐木道誉不得不撤离他在京都的寓所。为了震慑将要进宅的敌人，他在地板上铺上了中国虎皮，书房里挂上了中国字画，卧室里铺展开

---

① 在当时拥有诸多唐物就是拥有巨额财产。

中国丝绸睡袍，睡袍上摆放了一个沉香木枕。这位狂气的武将在1366年做出了一件更令人刮目的事情：这一年3月的某日，足利将军计划在将军府邸举行例行的观樱会。佐佐木道誉为显示自己可以抗衡将军的地位，居然于同一天在京都郊外的大野原举办了赏花大宴。《太平记》描述道：

> 紫藤的弯曲之处，每每系有红丝绸带，绸带下每每吊有青瓷香炉。金丝绫缎铺设在香几上，鸡舌沉水，薰风弥漫，不觉进入了旃檀之林。本堂前有十人抱的大樱花树。佐佐木道誉在樱花树下摆放了特别制作的铜锡花瓶，各高丈余。放眼看去，盛开的樱花宛如插在花瓶里一般。在樱花树的两旁，左右摆有两个香案，香案上各有香炉，香炉中各烧有一斤的沉香木。香气四溢，众人皆如在浮香世界之中。

此赏花大宴因规模和奢侈程度远远超过了将军府上的观樱会，因此招来了京都过半的显贵。后来的史料有记载说，佐佐木道誉在赏花大宴上烧的是两斤雅号叫"中川"的著名沉香。江户时代的《香道秘传书》说，佐佐木道誉拥有177种有雅号的沉香木，其中还有著名的"兰奢待"。由此，佐佐木道誉被视为日本香道的先驱。佐佐木道誉还是一位诗人，他的有关香文化的3首和歌被收进《菟玖波集》。

从佐佐木道誉大肆烧沉香之事可以读出，在14、15世纪的日本有大量沉香流通，沉香的主要拥有者不是旧时的贵族、衰弱的将军，而是新兴的武将、战国大名。

大量沉香的流通，给日本的香事带来了巨变。一木一味、千年不朽的沉香引起了日本人极大的兴趣。人们为了更好地分辨记忆每块沉香的不同香气，给一些高级沉香木起了雅号。有了雅号的名香更引起了好事者的追随，"十炷香会"（也称"十种香会"）随之诞生。开始时，恐怕是把几种沉香加热赏析，后来形成了一种闻香游戏。[①] 按照 16 世纪的十炷香会描述，当时香客们先试闻3 种不同味道的沉香之后，香主把 3 种不同味道的沉香各包 3 个小包，加上 1 包没有试闻过的香，共 10 包，打乱后出 10 炉香。香客们要写出 10 炉香的出香顺序。更需要注意的是从"空熏"至"闻香"的转变——云母银叶片的登场。

在这以前的日本香事与中国一样，即把香丸（或沉香片）放在热灰上加热后，令香气把一定的空间熏香（包括熏衣），称"空熏"。"空熏"所用的香炉比较大，炭火比较强，主要用气味强烈持久的合香。炭火与香品的隔火功能主要由灰来承担。

闻香炉

而 15 世纪开始的日本香事，是日本独自开发的、把香炉凑近鼻子的"闻香"。"闻香"用直筒形的不烫手的瓷手炉，香炉里埋有小炭团，炭火上铺一层薄灰，上放一片云母银叶片，云母片上放 3 毫米正方（或不规则形状）的沉香木片。香气发出后，将香炉用左手捧起，右手盖住香炉的上部（为使香气聚拢不散），拿至鼻子前，从拇指和食指分开的小洞"闻香"。其香气甜美醉人，但只有当事

① 诞生于 14 世纪的十烛香会没有留下确切的记载，这里按照 16 世纪的十炷香会来描述。

人能闻到，并排坐在其两侧的香客也基本闻不到。炭火的温度以香木片不起烟为宜。^①

凑近鼻子的"闻香"

日本"闻香"使用云母银叶片之事来自中国。中国古人很早就认识到香需慢火发的特点。唐李商隐《烧香曲》有"兽焰微红隔云母"之句。《陈氏香谱》提到："焚香必于深房曲室，矮桌置炉，与人膝平。火上设银叶或云母，制如盘形，以之衬香。香不及火，自然舒慢，无烟燥气。"云母是一种矿石，产于花岗岩等岩石中，是热绝缘体材料。中国古人除了云母片之外，还用瓦片、玉片、银叶片（把银敲成树叶形状）等。

因日本"闻香"所使用的沉香很小，俗称"马尾蚊足"，炭火过热的话，香气瞬间就会消散。云母的隔热能力是最好的，所以日本也沿用了云母片。后来，日本人又在四方的云母片的四周镶上了银边，并把这种隔火云母片定称为"银叶"。

"银叶"是日本"闻香"最重要的香具。有了银叶就有了"银叶铗"。沉香片很小就需要"香匙"。沉香片有时会从银叶掉到灰里，就需要极其精准地使用"香箸"。搅拌香灰、夹炭团需要"火箸"。整理香灰需要"灰押"。把猜香用的香包纸固定下来缺不了"香

---

① 所以使用没有回烟曲线的直筒香炉。

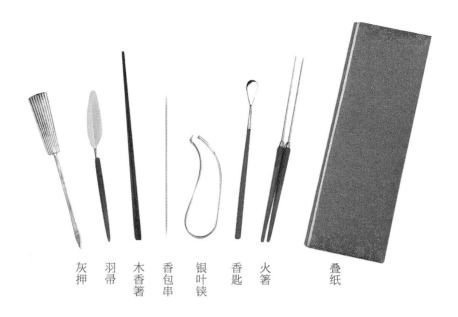

灰押　羽帚　木香箸　香包串　银叶铗　香匙　火箸　叠纸

7个调香具分别为灰押、羽帚、木香箸、香包串、银叶铗、香匙、火箸。

包串"。

　　于是，日本香道的"七个火道具"就形成了，日本香道礼法亦随之成形。但是"香道"一词的诞生是在17世纪的江户时代初期。

香人辈出定仪轨

——三条西实隆、志野宗信、建部隆胜

在中国的香文化史上，有留下博山炉的汉武帝、"分香卖履"的曹操、倡导《香十德》的黄庭坚、写下《和黄鲁直烧香二首》的苏轼等。这些历史人物都对中国香文化的发展起到过重要的作用。说到日本香道史上最重要的人物，则首推三条西实隆（1455—1537）。

三条西实隆出身于贵族之家，法名尧空，位为从五位下。那一时期的天皇已经失去实权，处于天皇羽翼下的贵族更是如同摆设。但是三条西实隆凭借天赋、勤奋和高超的交际能力受到了室町幕府和天皇贵族的欢迎与重用。他擅长

三条西实隆

和歌、连歌、书道。京都的各种文化活动都邀请三条西实隆参加并把他的出席看作是一种荣誉。三条西实隆还利用自己的书法特长抄写《源氏物语》以赚取生活费，其抄写本成为了目前研究《源氏物语》的珍贵史料。晚年的三条西实隆通过培养后来被称为茶道中兴的武野绍鸥（1502—1555），从泉州首富武野家获得了丰厚的报酬，借此支撑自己的文化活动。

"和歌"又称"倭歌",是相对于汉诗的日本诗体。和歌形成于奈良时期,由5、7、5、7、7,5句共31个音符组成。和歌主要描写男女爱情、季节风物,规定每个作品里必须有表达季节的"季语"。由于日本的世袭政治文化传统,天皇万世一系,将军家的家统也得以延续,故文学不须讽谏,多是自我心性的抒发。绝对权威的缺失还使皇家、贵族、高僧、文化人、商人不分贵贱地聚集在一起开展各种雅集活动。15世纪最流行的雅集是连歌会。5句的和歌在连歌会中被分为上三句(5、7、5长句)下两句(7、7短句)的对唱。① 这种形式也被复制到了闻香活动中。出现了"名香合(めいこうあわせ)",即左右两人依次点燃有雅号的上等沉香,请在座的人轮流闻香,同时发表赞美其香气的和歌。最后根据香气、香名、和歌的优劣决定胜负。这种闻香会需要一位才学渊博、德高望重的"判者(はんじゃ)",即主持人。三条西实隆就曾担任此职。

在这一时期,闻香会作为连歌会的余兴,在连歌会的前后开展起来。三条西实隆得到了接触众多沉香的机会。三条西实隆从皇家、将军家收藏的几百种名香中选出了66种特别上等的名香,并为其编辑了名录,促进了闻香会的发展。

在叙述这一时期的历史文化背景时,必须提到室町幕府的第八代将军足利义政(1436—1490)。足利义政身为最高统治者却

---

① 连歌也可以反复依次地轮唱,可延续100句。100句的连歌内容并不需要首尾贯穿一个有逻辑性的内容,每位作者只需注意衔接好上一位作者的诗意,或有展开,或有发想即可。连歌会形成的作品并不被期待流传或留世,娱乐在当下便好。但连歌会上需要一位连歌师,负责主持和点评。三条西实隆就曾担任连歌会的点评,是著名的连歌师。

酷爱艺术，早早隐身退位①，修建银阁寺，日日沉浸在连歌、茶汤、插花、闻香、鉴古的沙龙活动中。在众多的文化侍从中有一位名叫志野宗信（1443—1523）的武士深得足利义政的信赖，足利义政命令他把闻香活动研究整理成规。于是，志野宗信拜三条西实隆为师学习闻香，并把三条西实隆整理归纳的66种名香反复筛选，精炼成61种。排在最前的11种名香是：

法隆寺（太子） 东大寺（兰奢待） 逍遥 三芳野

法华经 红尘 枯木 中川 八桥 花橘 园城寺

其余的50种名香是：

似 富士烟 菖蒲 般若 鹧鸪斑 杨贵妃 青梅

飞梅 种岛 澪标 月 竜田 红叶贺 斜月 白梅

千鸟 法花 老梅 八重垣 花宴 花雪 明月 贺

兰子 卓 橘 花散里 丹霞 花形见 明石 须磨

上薰 十五夜 邻家 夕时雨 手枕 晨明 云井

红 泊濑 寒梅 二叶 早梅 霜夜 寝觉 七夕

篠目 薄红 薄云 上马

沉香因其产生的原因，一木一味。所谓61种名香就是61块沉香。从逻辑上讲61种名香是会用完的。但目前来说，还各有留存。这是因为，闻香用的沉香木片非常小，被称为"马尾蚁足"。这61种名香各有来历，各有故事，香气不同，所需的火候也不同。这就成为了日本香人们追慕的对象、修炼的契机。要成为一个合格的香人就要熟知61种名香的名称、品性，并赏闻过其中的大部

----

① 退位的原因还有为把亲生儿子确立为将军。

志野宗信

分。为了让修道者记住这 61 种名香的特点，18 世纪初还诞生了《六十一种名香歌谣》。自此，日本香道有了雏形。

志野宗信在三条西实隆的指导下开展了大量的闻香活动，特别是在"名香合"的主办主持上发挥了很大的作用，得到了香人们的认可，其香法在武士阶层及民间普及开来。1502 年，他留下了由三条西实隆提跋的《宗信名香合记》。其子志野宗温（？—1562）继承父业，也是一位著名的香人，拥有众多的弟子，其中便有建部隆胜（1502—1555）。

志野宗温留有《宗温香记》。志野宗温过世后，由弟弟志野省巴（1502—1571）传承家业。但志野省巴没有子嗣。在建部隆胜的推举之下，蜂谷宗悟（？—1588）继承了志野家业。从那以后，蜂谷家被委托传承志野家业，17 世纪以后称"志野流"，传承至今第二十代为蜂谷宗玄。志野流形成后，人们习惯地把志野流的宗家"三条西家香法"称为"御家流"，即志野流的本家。

三条西实隆过世后，其香法成为了贵族阶层全体的必修教养，被皇家贵族、武士贵族、诸侯大名广泛沿袭，所以并没有刻意的流规。香法的继承者也不限于三条西家族内部。至 17 世纪，三条西家香法的第十代传承人猿岛带刀家胤始称"御家流"。1947 年，三条西家主三条西公正（字尧山，1902—1984）重新继位第二十一代御家流家元①，又传至第二十二代三条西实谦（字尧云，1931—1998），现传至第二十三代三条西公彦（字尧水）。

参考荻须昭大《香之书》②的记述，目前日本的香道流派主要有四大部分：

1. 志野流（旗下衍生有蜂谷流、米川流、亡羊流、上野流、山悬流、藤野流）

2. 御家流（旗下衍生有桂雪会、斋月会、三条西御家流）

3. 小笠原流（旗下衍生有伊势流）

4. 其他（泉山御流、翠风流、直心流、安藤御家流）

以下，就一些流派的特点进行记述：

御家流使用描金漆器的香道具，香会气氛华丽，主张艺在游心，重视文学与香的结合。

志野流使用桑木香道具，香会气氛简素，点香礼法严谨，主张闻香即是修行的契机。

直心流成立于 20 世纪中叶，主张普及广义的现代香道，香会气氛华美，点香礼法严谨，重视合香，有熏衣礼法。

泉山御流是京都泉涌寺专属的香道流派，以泉涌寺长老为家元，香会气氛华美轻松，点香礼法丰富，绳花种类多样。

翠风流传承福冈旧柳川藩的香道，成立于 20 世纪上半叶，发明了竖式的组香记录法，教学方法灵活，提倡创作新的组香。

在日本香文化史上，建部隆胜的功绩是人人知晓的。建部隆

---

① 即流主、宗师、掌门人。

② 参见高桥雅夫《现代的香道界》，载于 1993 年香道文化研究会编《香与香道》第 182 页。

胜原是一名战国武将，败北后跟随了织田信长。败北后的建部隆胜拜志野宗温为师认真钻研香道，成为了志野宗温的高徒。当志野流三代省巴没有子嗣、放弃香道、逃往奥州，志野香道的传承面临危机的时刻，建部隆胜把自己的高徒蜂谷宗悟推荐为志野香道的继承人。因其功劳显著，建部隆胜被称为日本香道的中兴之祖。在建部隆胜的弟子名单中，还有日本茶道的大成者千利休、皇家寺院相国寺的长老芳兰秀、名噪一时的美术家本阿弥光悦等等。建部隆胜对日本香道的贡献主要表现在提倡《香十德》、制定香席礼法《香席须知》、撰述《香道秘传书》三个方面。

日本香道研究界认为，《香十德》由中国宋代文学家黄庭坚首倡，由日本禅僧一休宗纯（1394—1481）介绍到日本，由建部隆胜树立为日本香道的精神。其内容如下：

感格鬼神　清净心身

能除污秽　能觉睡眠

静中成友　尘里偷闲

多而不厌　寡而为足

久藏不朽　常用无障

《香十德》阐述了闻香对镇定精神、修身养性的卓越功能。

为规范香席礼法，建部隆胜制定了《香席须知》11条：

1. 参加香会者应重礼仪，以和为贵。

2. 禁止穿熏过香的衣服、皮革材料的衣服。

3. 不能用扇子扇风。

4. 当一组香没有结束时，不能说出自己的答案。

5. 不能评论香木的优劣。

6.每次只能闻三五下，不能长闻。

7.不能把传过去的香炉要回来重闻，不能把投下了的香签更换。

8.不能与别人商量答案。

9.传炉时，儿童、男女之间须把香炉放在榻榻米上，不能手递手传递。

10.当一组香没有结束时，不能抽烟、吃点心。

11.开关门及起身坐下应尽量保持安静。

建部隆胜还另制订了《御家流香道要略集》9条：

1.当香片滑落到灰里时，应请求香主调整而不能自己随意调整。

2.未经同意，不能随意触摸香道具，只能静心观赏。

3.即使在盛夏也不能大敞窗户、坐相不正。

4.应按时到会，如迟到应道歉。

5.香会前禁止高声谈论以免闻香时会精神涣散，香会前禁止大食酒肉以免影响对香气的记忆。

6.香席上不能问这问那，应在平日加强学习。

7.香室里不能挂圣人像、佛像、祖师像，可挂山水花鸟画。

8.香会上的料理点心里不能用山椒、柚子、柑橘类的有香之物，香室里不能摆放梅、菊等发香的花草。

9.当他人夸奖自己焚的名香时不要谦虚，如被问香名应如实说明。

从这些具体的规则中可以读出，16世纪的日本闻香会已经具有一定的规模和一定的普及程度。

建部隆胜作为当时香文化界的领袖，还撰述了《香道秘传书》。这对日本香道诸般仪轨的形成起到了决定性的作用。《香道秘传书》由建部隆胜传授，由翠竹庵道三记录，初本刊发于1669年。《香道秘传书》记录了志野宗温、志野省巴、建部隆胜的生动的香道实践活动，分9个部分记载了香席礼仪、香木分辨、名香特点、组香规则、焚香礼仪等内容，集结了香道创立初期的文化成果。第一部分的主要内容如下：

如果是续炷香会，香主应在香会的前一天提前将香会主题通知香客。香客们应根据主题带上几款香片。香会当天，当香主焚过几炉香之后说：请各位香客焚香吧。于是香客们拿出自带的香片依次接着出香。接香的技巧如同连歌的接句，应随机应对。如果前者出的是"云井"，最好接"有明"；如果前者出的是"打盹"，最好接"初醒"。或有恋情香，就焚"手枕""思念"等；或有四季香，就焚"若菜""夏草""八重菊""初雪"等。

在香席上，应怀着对香木的敬畏谦卑之心，每个人的闻香时间不能过长，更不能用手扇动香气。[①]闻香时要把香炉端平，否则，珍贵的香木就会滑落。滑落后的香木通常会掉到炭火里而瞬间失去香气。曾有人把本应焚十次的"兰奢待"[②]在第九次时滑落，实在令人惋惜。当香主在香炉里压好灰筋时，香客应主动要求欣赏灰筋。欣赏之前要向下一位香客行次礼。在香会上，即使是身份高贵的人也须和众香客围坐在一起，而不能另设高位。

① 香木一木一味，无比神圣，香人闻香只是为了亲近香木，表达敬意。如果抱着定要猜对的想法长时间用力去闻，就是对香木的不敬，是该香人傲慢的表现。
② 奇楠级的香木可以多次发香，可以在香会上多次使用。

云母片的尺寸是 2.7 毫米正方，四角各去掉 0.3 毫米。如果焚合香或龙涎香，应在香会的最后进行。如果香炉太热，应用水浸一下香炉，不烫手之后传递给客人。如果在某人的新宅里首次举行香会，应使用鸭型的香炉，以取防火吉祥之意。根据下座客人与自己的关系是上级、同级、下级的不同，传递香炉的手势有不同。

香炉灰筋的基本形态是五条筋。香主焚香后不能反复试闻，应在香气略起时便递给客人。遇到需要武火的香木也不能把云母片过度向下压，因为下一款香也许需要文火。包香木的纸不能用杉木纸，以免串味。风雨天闻香时，身体应迎风而坐。在茶会香会一起举办时，应先茶会后香会，茶会上要免去焚香环节。关于绳花的系法有秘传。

香炉的火力弱时，可以用火箸开火窗，如火力还是上不来，可以把一块焚过的香木片塞进火窗里。有贵人出席时，应用武火，令香气高发。如火力过猛，可以把香木片放在云母片的边上一些。使用有八卦纹的香炉时，应把应季的卦纹朝前。

1669 年，因《香道秘传书》的问世，日本香道的诸般仪轨正式确立。

香道迎来隆盛期

——德川家康、后水尾天皇

　　历史进入 17 世纪，日本第三个幕府时代开启。江户时代自 1603 年至 1868 年，由德川氏定都于江户（今东京）。德川幕府实行"参觐交代"[①]制度，彻底控制了国内的行政；德川幕府还实行"士农工商"四民身份制度，令庶民安分守己、精于家业。于是，日本迎来了政治稳定、经济繁荣的 200 年。在江户时代前期，日本各种行业纷纷成立行业专业委员会，各种行规形成，文化产业领域也不例外。本称"茶之汤""生花""闻香"的文化沙龙活动改称"茶道""花道""香道"，其活动内容被整理规范，各个流派的掌门人改称"家元"。为拢住自家的门人，家元们殚精竭虑地考案发明出了各种独特的仪轨，这使得诸艺道迅速成型。家元们为强调自家的传统，往往把家祖定为艺术流派的"第一代家元"，例如，生活在 15 世纪的志野宗信被定为了志野流香道的第一代家元。

　　香道的繁盛需要物质基础的支持，即大量沉香的流通。实际上，日本香道使用的是沉香中的极品——"奇楠"，日语称"伽罗"（为叙述方便，本文以下使用"伽罗"一词）。伽罗在日本的大量聚集是有历史背景的。1273 年、1281 年忽必烈两次征伐日本，

---

① 为控制地方诸侯，江户幕府规定：地方大名须每隔一年赴江户侍奉将军一年。

登陆日本北九州一带。日本镰仓幕府为抗击元人，调集了大量东国（指镰仓一带）武士驻扎北九州。战事结束后，这些武士仍留在北九州以防外敌。在断绝供应的情势下，东国武士化为倭寇。明朝成立后，为制止倭寇开始施行时紧时松的海禁政策，不许中国民商进行海外贸易。清朝初期，清政府为剿清南逃的南明势力，亦施行海禁政策，直到 1683 年解禁。中国的海禁给日本带来了困难的同时也带来了机遇，这使得日本获得了直接从香料生产国进口伽罗的机会。

在大航海时代的东南亚海域上，欧洲机械船凭借安全的续航能力来往穿梭，把包括香料在内的各种贸易品运抵日本。日本德川幕府还主动发放"贸易许可证"来整顿海上贸易秩序。[1] 当然来自中国东南沿海的商船在时紧时松的海禁政策中也有不少往来，特别是在康熙于 1683 年发布"展海令"之后，更有突出的表现。德川幕府为把贸易利润完全控制在自己手里，下令只许长崎作为日本国的通商口岸。

关于伽罗在日本的大量聚集，有一则史料可以佐证。1676 年德川幕府查处了一个大贪污案。驻守长崎的幕府贸易长官末次平藏一族私通贸易，积蓄了巨额的财产，其中的伽罗如下：

伽罗一根，长一丈四尺，细端直径六寸二分

伽罗七根，各长九尺，细端直径五寸

伽罗六十根，各长四尺五寸，细端直径五寸

小块伽罗十八箱

---

① 史称"朱印船"制度。

香史

伽罗木屐四双 ①

江户幕府的开府元勋德川家康更是伽罗的收藏大家。他曾命令部下于 1603 年一次购进百斤伽罗，还专门派出伽罗采买船赴东南亚收集伽罗。他甚至曾把伽罗作为下赐的褒奖。遗产中总计有 81 公斤的伽罗。大量伽罗在日本的流通将日本香道推向了高潮。

在德川幕府定都江户之前，江户地区还是一个人烟稀少的农村地带。德川幕府开府后的 100 年间，日本文化的中心仍是京都。元禄时期（1688—1704）以后，京都、江户两个文化圈才形成。因此，江户时期前 100 年的香道文化是以京都的皇家为中心而展开的。在此期间有一位后水尾天皇（1596—1680）才华横溢，开始时不满幕府对皇室的抑制政策，后来主动退位乐享清闲，积极培育日本雅文化。后水尾天皇纳德川幕府第二代将军之女和子（东福门院）为正宫，得到了德川幕府经济上的支持，在香道史上留下了坚实的足迹。由后水尾天皇敕名的伽罗有 60 余种，由后水尾天皇敕作的组香无以计数，使得组香总数上升至 200 余种，后水尾天皇与东福门院日夜沉浸在香会里。由东福门院命名的伽罗也达 20 余种。

宽永十年（1634）七月七日，后水尾天皇在仙洞御所举办了盛大的雅游会。其内容有立花、七炷香、和汉联句、汉诗、和歌、管弦、围棋等 7 种游戏。根据史料，此"七炷香"的玩法是由 49 位贵卿分为 7 组进行，前后持续了两个小时。虽然参加香会的只

---

① 一色梨乡《香道的历史》第 232—247 页，芦书房，1968 年。

切香

限于贵族，但东福门院有一位出身商家的香道侍从——米川常白
也在会中。

　　米川常白拜相国寺长老芳兰秀为师学习闻香，其超常的嗅觉
古今无双。据史料记载，米川常白在一生中参加过无数的香会，
从未闻错过香，全部写出了正确的答案。一次，米川常白去一个
妓馆吃酒，忽然从一个妓女身上闻到一种特殊的伽罗的味道，其

伽罗曾归某位贵卿所有，后来被盗。经查问，果然是那位盗香人把那伽罗雕成梳子赠予了这位妓女相好。这桩盗窃案因此被破，物归原主，成为一段传奇。米川常白深得东福门院的信赖，经常出入皇宫参加各种香会并鉴别分类了许多伽罗。在反复的实践中，米川常白把流入日本的伽罗归纳为"六国五味"，即来自六大产地、共五类味道。由于米川常白的存在使日本香道走出了上层社会的禁锢而普及至民间。由此日本香道进入了新的发展时代。

江户文化的巅峰时期是在元禄时期。这一时期过后，香道也迎来了最盛期。闻香不仅是上层社会的必需的修养，下级武士、商人、家妇也参与其中。香会的玩法更加有趣，组香的种类大大增加，香道具的精美程度达到了顶峰。一些香道老师从京都移居江户传授香道。

元文二年（1737），江户时代香道的最重要的成果——菊冈沾凉的《香道兰之园》问世。《香道兰之园》共十卷，记载了236种组香及香道的诸般仪轨，将日本香道定格定相。其后的日本香道只是在对《香道兰之园》所述内容的咀嚼、演绎中延续。但在这之后，还有一位重量级的香人不能忽视，即大枝流芳。大枝流芳是江户时期日本香道的重要人物。大枝流芳拜大口含翠为师，受御家流香道奥秘直传，后被称为第十二代御家流家元。由大枝流芳撰写的《御家流香道百条》被视为御家流香道的秘籍。

其后日本香道史进入衰退期。其中一种说法是，当香道普及至民间后，特别是出现流派、家元以后，人们更多地关注猜香的成绩、香会的仪轨而忽视了香道的诗性、修心性，香道的真髓已经难寻；另一种说法比较实际，即 1868 年日本明治维新后，日本传统文化被全盘否定，贵族阶层解体，香人们转向繁忙的经济生活，香道衰落。

20 世纪 70 年代日本经济成功发展以后，香道才又重新回到人们的视野。

香席基本礼法

闻香的历史

中国用香的文化随佛教的东渡于唐代传入日本。日本寺院首先引入香的使用。9世纪以后，贵族的生活用香开展起来，主要引用了香丸的制作与品鉴。至15世纪，在日本民族独特的自然观的塑形下，在大航海时代提供给日本较丰富的沉香木的贸易背景下，在参考中国隔火熏香的模式下，日本独创了以品鉴少量沉香为特点的闻香文化（也称听香），继而在17世纪初日本香道形成。

闻香的特点

首先是用量少，其闻香席上的沉香材被称作"马尾蚊足"，这可使香材在20分钟左右燃尽，可让香材发挥出最大能量，完成生命的使命。其次是多款沉香并用，一席闻香会使用3至10款沉香，这样可以使香客在较短时间内与更广泛的自然世界相识相交，较好地实现与大自然的合一。再次是香客闻香时将闻香炉拿近鼻子品鉴，这样可以最大程度地利用沉香的香气，且不影响左右香客的品鉴。

闻香席环境要求

闻香室不宜过大，15平方米左右为宜。香室光线柔和，但不宜有阳光直射。香室通气但不通风。室内明净清爽，没有杂物，特别是散发异味的杂物。室内不摆放鲜花、鱼缸。最好不开空调、电扇。一般不播放音乐。

香室内设长案，长案的尺寸约120公分宽，360公分长，50公分高。香主在案头一侧，左侧一排坐落4位香客，案尾坐落2位香客，右侧坐落4位香客，最靠近香主右手的香客同时也是执笔人。顺时针行香。首席香客坐在香主的左手位。[①]

---

① 标准的香会模式是10人，大众香会有40人的。此时，同时出4炉同样的香，即10人用一个香炉。

闻香席基本礼法

1. 不擦味道浓郁的香水，摘下手表、手串及长款项链。

2. 调整好肠胃，不饥不饱，保证充足睡眠。

3. 服装素雅得体，举止温文尔雅，排除俗念，香席中禁谈金钱美女、社会新闻。

4. 老香人、长者、男士在先，按顺时针方向依次入座。

5. 向下一位香友行礼，说"先失礼了"（下一位香友说"请"）之后，传递小绢巾和记纸。

6. 在记纸表面的下方写好自己的名字（不写姓）。

7. 香会开始时，香主说"沉香共赏"，众香客回"共赏沉香"。

8. 闻第一炉香之前，对下一位香友说"先失礼了"，对方回"请"。

9. 拿到香炉后，先上举以示感谢大自然，然后将香炉正面逆时针转动2次至12点处。左手拇指搭在9点口沿处。右手的拇指、食指搭在左手拇指上。每人闻香3至5息。吸长息认真闻香并强记香型。将废气吐在左胸处。

10. 听试香后，须向下一位香友报香名，如"雪之香""月之香""牛郎香""织女香"。

11. 传递第一炉本香时，须向下一位香友提醒说"出香"。

12. 在记纸的右数第3行，写好自己的答案。按规则传递记纸。

13. 在等待执笔抄写答案时，用点心吃茶。保持安静。

14. 传阅香会记前，香主说"香会记共赏"，众香客回"共赏香会记"。

15. 递交香会记时，香主说"请笑纳香会记"，获得者回"感恩香主"。

16. 当获得者把香会记放在桌子上后，众香客说"恭喜恭喜"，获得者回"谢谢，谢谢"。

17. 香会结束时，香主说"香满了"，众香客回"心满了"。香主又说"感恩各位香友"，众香客回"感恩香主"。

香史

香木

南国伽罗聚长崎

——17 世纪稳定的沉香供应

如前所述，日本从 7 世纪起，曾借助佛教的传播、遣唐船的往来、宋元商船的贸易，进口了不少包括沉香在内的各种香料，引发了熏香、闻香文化活动的展开。但真正地把闻香活动上升为"香道"①，令香道普及至社会的各个阶层，是在 17 世纪初实现的。其实现的契机是随着长崎港的稳定而日渐充足的沉香供应。

1603 年，日本第三个武士政权在江户成立，称德川幕府②。开府将军德川家康实行了严格有效的地方诸侯管理制度。但在 1637 年，九州南部的天草地区发生了天主教徒的起义。德川幕府将其镇压后实行了锁国政策：不允许自己的国人出国；不允许已经在外的日本人回国；禁止外国船只（除中国、荷兰以外）靠岸；贸易港口只限于长崎。这样一来，幕府完全掌控了贸易秩序，获得了完全的贸易利润。这样虽然缩小了日本对外贸易的规模，但确保了日本对外贸易的稳定发展，沉香就是其中的受益者。

这一时期，每年约有 100 多艘中国人经营的商船到达长崎，这些商船被日本人分为厦门船、宁波船、咬留吧（雅加达）船、暹罗（泰国）船、广南（越南）船等。一些以经营沉香为主的中

---

① 17 世纪上半叶才出现"香道"一词。
② 称幕府是因为德川家是由天皇任命的征夷大将军，所在地即是幕府。该政权仍然承认居住在京都的天皇的最高地位。

国贸易船只从沉香盛产地的东南亚港口出发后沿海岸北上直接抵达长崎。在长崎，专门负责沉香交易的沉香鉴定专家，是由江户幕府从江户派来的专业人员担任的，他们的主要任务是挑选可供给将军使用的伽罗。因为沉香贸易的利润巨大，很容易出现贪腐，所以，沉香鉴定专家在就职时有宣誓仪式。誓词如下：

1.本人奉命参与沉香鉴定，须全力甄别，公平定夺，严禁人为的袒护褒贬。

2.如发现可供将军使用的伽罗在市面上流通，必须立即上报。

3.绝不参与民间的沉香鉴定，绝不参与民间沉香贸易纠纷的裁决。

沉香船到达长崎港的海面后，日方的翻译和沉香鉴定专家就会马上登船验货，将高级别的伽罗（顶级沉香）特别包装封印，护送至港口的仓库封存，以防丢失。这些高级别的伽罗全部由德川幕府买断，其余的沉香被下放到市面流通。那一时期，由于日本香道的繁盛，日本对沉香的需求很大，幕府特别欢迎经营沉香的贸易船。1664年，幕府曾给运来伽罗的中国商船的船头和船员每人十块银锭以资鼓励。

被封存在长崎港口仓库里的沉香，将择天气晴好之日，在货主、沉香鉴定专家、长崎长官的共同监督之下被取出亮相。第一个步骤是洗沉香，即将沉香表面附着的杂物洗净，同时测量沉香的比重（是否沉水），晾干。第二个步骤是对沉香进行初步分类，把沉香货物中的假货、下等货捡出，下送至长崎商馆另做交易。第三个步骤是给留下的沉香编号，并用毛笔写在沉香木上，以防丢失。三个步骤完成之后，这些沉香被暂时收回仓库，等待定价。

香木

接下来的是一个紧张的价格交涉过程。先由沉香鉴定专家对伽罗进行定价，然后把价格出示给中国商船的船头。因为幕府将军把拥有和使用伽罗看作是彰显权力地位的手段，所以一般都会出高价把伽罗买断。沉香鉴定专家们往往有一个不成文的价格尺度，即把当年运到长崎港的一块顶级伽罗按出产地价格的9倍价格收购，其他的伽罗依次下压定价。但往往有突破。有时高到12倍，有时低到7倍。

对于幕府挑剩下来的沉香，先由幕府规定的五大商埠（长崎、江户、大阪、京都、堺市）的沉香商人代表进行定价，然后把价格出示给中国商船的船头。船头如果对价格满意便成交，如果经几轮谈判仍不满意，可将沉香载回。事实上，载回的沉香几乎是零。虽然日本幕府在长崎搞的是政府垄断贸易，但凡载来的沉香都是日本不出产的短缺货物，所以，一般都能卖出不错的价钱。据研究，在这一时期，1斤伽罗值4两白银。

就这样，从长崎进口的沉香通过五大商埠向日本各地流通，往往在唐物店、药店、香店经营出售，其价格有时暴涨到70倍。[1]经营沉香的商人们往往用香气招揽客人，一时间，沉香的甜美气味飘荡在大街小巷，来自域外的奇特香气引起了众人的百般追慕，这同时也促进了香道的繁盛。

---

[1]　松原睦《香的文化史——以沉香在日本的使用历程为主线》第120页，雄山阁，2012年。

六千绝品传至今

——德川美术馆的沉香收藏

日本将军[①]的沉香收藏可追溯至足利义政。据史料记载，足利义政收集了 80 余种名香，并从皇家国库的正仓院切割了两寸"兰奢待"。织田信长（1534—1582）步其后尘，于 1574 年用武力逼迫东大寺，切割了一寸八分"兰奢待"。德川家康坐稳江山后，为彰显权力，也提出要切割"兰奢待"，但遭到了来自皇家和寺院的强大阻力。至今，德川家康最终是否切割了"兰奢待"仍是一个历史之谜。据神尾元知（17 世纪茶人）的记录，德川家康于 1602 年切割了一寸八分的"兰奢待"，[②] 而除此之外尚有几宗史料记载此事。足利义政和织田信长在切割了"兰奢待"之后都在切割处粘贴了纸条："足利义政拜赐之处""织田信长拜赐之处"，但却不见德川家康的留条。可实际上，根据大阪大学米田该典教授 2006 年的研究，"兰奢待"被切割过 36 次以上，并不是所有的切割者都留下了记录。德川家康性格外柔内刚，恐怕是在切割了"兰奢待"之后，退一步，放弃了粘贴纸条的举动。之所以这样推测，是因为在德川家康留给后人的《骏府御分物御道具账》中就包含有"兰奢待"。

---

① 即日本的最高权力者，以"挟天子以令诸侯"的理念，尊天皇为国家元首，称自己是"为天皇守边的武将"。

② 参考神保博行《香道物语》第 71 页，めいけい出版，1993 年。

香木

德川家收藏的"兰奢待"

德川家康对于沉香的收藏是狂热的。1606 年，他亲自给越南国主送书，说日本已经有了不少中下级的沉香，只缺少顶级的伽罗香，请设法帮忙收集。同年，又给柬埔寨、泰国国主送书要求伽罗香。1607 年，德川家康又指派丰光寺乘兑[①]送书给越南执事："吾主德川家康希求的是绝对顶级伽罗，请在城中广泛求索收集，若有，将是吾主莫大欢喜之事。"在这前后，德川家康已经购买了 27 贯（约等于 945 公斤）的伽罗。德川家康还亲自接见过沉香商人，向他们询问沉香产地之事。他还使用过来自越南的纯正的伽罗油，并视其为至高无上的权力的象征。由于日本对沉香的

① 乘兑(1548—1607)，京都相国寺住持、临济五山派总管、幕府外交文书总管、汉学家。

特别需求，沉香在日本的价位很高。各国商人纷纷把顶级伽罗运抵日本。

1616 年，德川家康在其隐居的骏府城离世，留下了巨大的遗产。其中包括有约 2600 件沉香和香具。德川家康将其遗产分给了三个儿子。其分产文书被称作《骏府御分物御道具账》。目前有两家的文书尚存。其中分给尾张（名古屋）德川家的沉香如下（1贯 = 3.75 公斤 =1000 匁，"匁"为日本古代重量单位）：

伽罗，四贯八百六十一匁七分，上之伽罗

伽罗，七贯六百二十匁，中之伽罗

伽罗，三贯，完整一根，中之伽罗

伽罗，十一贯三百三十四匁五分，中下之伽罗

真南蛮，十二贯二百三十九匁，上中下真南蛮

沉香，四十贯，上上沉香

沉香，二十七贯七百三十匁，上中下沉香

沉香，六贯八百匁，完整一根，有山下信浓守签章

沉香，一贯，下沉香，有袋子

真南蛮，一百八十匁，有袋子

以上共计八十八贯七百六十五匁二分（约等于 330 公斤）

这些沉香至今被保存在名古屋德川美术馆，再加上其他来路的沉香，目前德川美术馆大约共有沉香藏品 6000 余件。

关于日本在 17 世纪到底进口了多少沉香，有一宗史料可以参考。1676 年，长崎长官末次平藏的后裔末次茂朝因染指走私贸易而被抄家灭族。从他家没收的物品中有大量的沉香：

伽罗一根，长一丈四尺，细端直径六寸二分

香木

被珍藏的伽罗

伽罗七根，各长九尺，细端直径五寸

伽罗六十根，各长四尺五寸，细端直径五寸

小块伽罗十八箱

伽罗木屐四双

从贪官末次茂朝的沉香收藏情况来推测，德川家康的沉香收藏应该比史料记录的更多。

六国五味米川定
——独特的沉香识别分类体系的确立

　　自17世纪起，诸多的沉香被运送到了日本列岛，如何对这些沉香进行合理的识别分类是一个难题。沉香一木一味，沉香在焚烧过程中的头香、本香、尾香多有变化，沉香在交易过程中转手频繁，这些都给沉香的识别分类带来了困难。但是最终日本形成了"六国五味"的独特的沉香识别分类体系：

　　六国：伽罗、罗国、真南蛮、真那贺、佐曾罗、寸门多罗

　　五味：辛、甘、酸、咸、苦

　　直到目前，日本香道各个流派仍在忠实地沿袭"六国五味"的沉香识别分类体系。①

　　在日本庆长（1596—1615）以前，即在以长崎为贸易口岸的大量沉香进入日本之前，只有"四国"之说，分别表达四个不同的沉香产地：

　　伽罗：产自越南的沉香

　　罗国：产自泰国的沉香

　　真南蛮：产自印度西南海岸的沉香

---

① 　各个流派的观点不同：
御家流——伽罗：辛，罗国：甘，真那贺：无味，真南蛮：咸，佐曾罗：辛，寸门多罗：酸。
志野流——伽罗：苦，罗国：甘，真那贺：无味，真南蛮：咸，佐曾罗：辛，寸门多罗：酸。
直心流——伽罗：苦，罗国：辛，真那贺：甘咸，真南蛮：甘，佐曾罗：酸，寸门多罗：酸。

真那贺：产自马来西亚的沉香

庆长以后，随着沉香进口数量的增长，又增加了"两国"：

佐曾罗：产自印度东海岸的沉香

寸门多罗：产自印度尼西亚的沉香

当时，除了六国的名称之外还有松根、麝雪等表达沉香产地的名称。"六国"在表达产地的同时也表达沉香的等级。即伽罗是最上等的，寸门多罗在品质上排第六位，价格当然也是最低的。能入选"六国"的沉香都属于顶级沉香。至今，日本香铺仍把顶级沉香编成伽罗、罗国、真南蛮、真那贺、佐曾罗、寸门多罗6个级别来定价销售。

17世纪以后，"六国"表达的是六类不同的香木气质，即把多种多样的顶级沉香归纳成六类，便于记忆识别。味道有些怪的寸门多罗也常被用，目的是把组香的气味区分开来。"六国"又统称"伽罗"。这里的"伽罗"是顶级沉香的总称，相当于汉语的"奇楠"。日本香道中规定只使用"六国"级别的沉香，号称"不是伽罗不上炉"，即不是伽罗级别的不能用于闻香。所以，在香会上香主有一句定式用语："接下来，请各位尽享伽罗之美妙香气吧。"

"五味"之说，是17世纪米川常白（1611—1676）为了给众人提供记忆香气的方法而提出的。"五味"本指味觉，用在表达香气上只是个代称，每个闻香主体都需要独自转换何为"苦"，何为"甘"。米川常白对"六国五味"进行了归纳：

"伽罗"者"辛"也。

——优雅有品位，隐约有苦味，譬如宫人。

"罗国"者"甘"也。

——淡定自然，有檀香的甜美气质，多带苦味，譬如武士。

"真南蛮"者"酸"也。

——多有甘味，含油量多，常挂油在银叶上，表达直白，譬如百姓。

"真那贺"者"无味"也。

——轻飘艳丽，气有回转，譬如心怀幽怨的女子。

"佐曾罗"者"咸"也。

——冷酸收敛，上乘者可比伽罗，譬如僧人。

"寸门多罗"者"苦"也。

——头香尾香酸气盛，可比伽罗，位薄品贱，譬如白丁。

米川常白还为门人的练习之用，遴选出了能表达五味的标准伽罗：

能表达"甘"味的标准伽罗是"浅间""先锋"

能表达"辛"味的标准伽罗是"薰风""孟荀"

能表达"酸"味的标准伽罗是"京极""赤旃檀"

能表达"苦"味的标准伽罗是"面白""志"

能表达"咸"味的标准伽罗是"白鹭""远里"

"五味"说是不科学的，但米川常白用"即物教授法"来引导人们建立自己的香气识别体系是值得称赞的。在当前的日本香道教学中，老师们也经常把"辛"解释为"丁子"；把"甘"解释为"炼蜜"；把"酸"解释为"梅子"；把"苦"解释为"黄檗"；把"咸"解释为"汗气"，用以引导学生形成自己的香气识别体系。其实，猜香游戏只是个游戏而已。据统计，老香客的猜中率

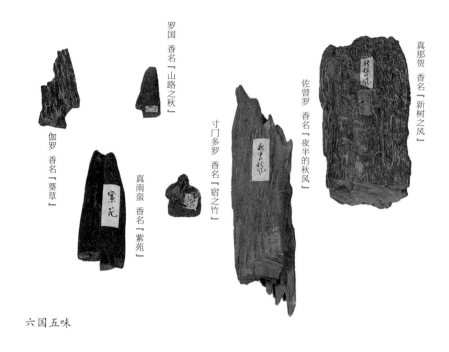

罗国 香名「山路之秋」

伽罗 香名「葵草」

真南蛮 香名「紫苑」

寸门多罗 香名「宿之竹」

佐曽罗 香名「夜半的秋风」

真那贺 香名「新树之风」

六国五味

是70%，而初次上阵的新香客的猜中率是30%。在香席上往往是心无挂碍的儿童获得满分。

一声入魂赋香名

——香木的命名

日本是一个崇尚"万物有灵"的民族。其实，这种萨满教式的思维方式在各个民族的原始阶段都曾有过，但随着社会的演进、科学的进步又都会减弱或消失。日本民族却一直保留着较顽固的"万物有灵"信仰。这可以初步归纳为三个原因：

一是萨满教式的思维方式在日本存在的时期过于长。日本有10000年以上的石器时代，是世界历史上最长的一例。以渔猎和采集为主的经济模式很容易令人相信所有的收获都是大自然的赐予。

二是日本的自然太具有两面性。即大自然给予了日本民族太多的恩惠和太重的惩罚。日本四季美丽，雨水丰沛，树果繁多，鱼群环绕。同时有剧烈的地震、火山喷发、海啸、台风。这些自然现象很容易让人认为山川海洋都具有灵性。

三是日本民族在形成心智的早期，接受了过于完备的中华文明的强大冲击。这致使其文化在表层积极吸收模仿先进文化，而在其里层仍顽固留藏着"原乡式"的乡愁，其心智没能自然发育，停留在了初级阶段。

"万物有灵"的信仰致使日本民族时时处处关心四周的环境，对身边的事物均施以"敬畏"之礼。特别是在艺术的、私享的领域里，"万物有灵"的信仰时常被着重表现。

沉香因受土壤、气候、生成原因、生成年数、保存方式等多种复杂因素的影响，一木一味。每块沉香在赏闻的过程中还有初香、本香、尾香。其香气甜美至极、变化无穷，且沉香千年不朽。于是，日本人更认为沉香是个有生命的存在，需要特别敬畏，特别对待。

传到日本的伽罗大都会被赋予一个香名。由三条西实隆首倡，由志野宗信定稿的 61 种名香的确立就是重要的史证。每一个香名的诞生瞬间都是一个庄严的入魂式。因为在这一瞬间，伽罗被注入了灵魂，伽罗从长睡中被唤醒。命名式的主持人往往是天皇、贵族、香人。当今是由香道流派的家元们命名。命名的契机大约有以下 10 类：[①]

1. 天体名。参考天体运行现象给香木命名。如：天、月、北辰、星夜、风、梅雨。

2. 出所名。根据香木的所有者或保管机构给香木命名。如：东大寺、法隆寺、太子。

3. 色体名。根据香木的颜色给香木命名。如：红尘、残雪、夕阳红。

4. 姓氏名。根据历史人物给香木命名。如：玄宗、杨贵妃、李夫人、宋女。

5. 故实名。根据香木引发的典故命名。如：兰奢待、丹霞。

6. 木所名。根据香气的特点命名。比如，"林月"香，其香气的特点是时隐时现、忽强忽弱，就如同在林下看月，月亮时隐时现。香人们还把这种性质的香称为"会呼吸的香"。

---

① 三条西公正《香道：历史与文学》第 83 页，淡交社，1985 年。

7.草花名。根据香与草花的关联命名。有的是因为香气的类似，有的是因为令人联想起古诗文中出现的花草的诗情。如：兰子、藤袴、夕颜、山樱、山吹、白梅。

8.动物名。根据香木外形令人联想到的动物形状命名。如：鹭、虎、猫、孔雀、松虫、蝴蝶。

9.干支名。根据从长崎进口香的年份或个人得到香的年份命名。如：辰年、子之长崎、辰之长崎、元禄五年。

10.诗歌名。根据香气引发的诗境命名。如：花散里、须磨、明石、乙女、澪标、荒宿、鸟羽玉。

被命名后的伽罗就开始了繁忙的"社交活动"。它们往往出现在各类香会上。有时它们因独特的香气被宠幸，有时因与香会主题相宜的香名而受到注目，如：在纪念《源氏物语》发表1000年的香会上，用"花散里"[1]是非常好的选择；在表达中日友好主题的香会上用"杨贵妃"是再合适不过的了。

那么，在日本，冠有香名的伽罗到底有多少呢？

志野流香道门人的主要修道内容是体验识别"前61种""中120种""后200种"名香[2]。看过、闻过这些名香，了解它们的故事，知晓它们独特的香气，知道它们最适宜的火候是人们的追求目标。

荻须昭大在《香之书》第四章里收集整理了长达184页的《香名大鉴》。日本的和歌集是按照春之歌、夏之歌、秋之歌、冬之歌、杂之歌、恋之歌来分类的，《香名大鉴》也按照春之香、夏之香、

---

① "花散里"是《源氏物语》54卷中的一个卷名，也是该卷中的女子光源氏妾的名字。
② 合计381种。

香木

71

秋之香、冬之香、杂之香、恋之香的分类法，收集了约 3100 个冠有香名的伽罗。荻须昭大还对每一个香名从香名、含义、六国、香位、五味五个方面进行了整理。以下从中举出 12 例：

季节	香名	含义	六国	香位	五味
春之香	莺宿梅	此香由后水尾天皇命名。香名源自一首和歌。 村上天皇（926—967）所住的清凉殿前的梅花树不幸枯死，于是命令把著名歌人纪贯之的女儿家的梅花树移植过来。 纪贯之之女作歌一首："帝宫命令移庭木，小女违令畏惧多，春来黄莺寻巢迹，吾辈如何对她说。"①	伽罗		辛咸甘
春之香	碧桃	此香由佐佐木道誉命名。香名源自香气的特征，是 200 种名香之一。此款罗国的香气呈苦酸味，与未成熟的碧桃的味道类似，因而得名。	罗国	上上	苦酸辛
夏之香	药玉	此香由足利义政命名。香名源自香气的特征。药玉是中国道教用的一个物件，即把玉石镂空，中间放入香料和草药，用以治病提神。后演化成挂在门口的辟邪挂件，装饰成草花球，下缀飘带。此香的香气有大黄、黄连的气味，因此得名。	伽罗	上	苦甘辛
夏之香	五月雨	此香由三条西实隆命名。香名源自香气的特征，是 120 种名香之一。阴历的五月雨即指梅雨。在梅雨天，人们的心情就会闷闷不爽。此香的香气总是朦胧低沉，就如同梅雨季节里的人们的心情。	真那贺		苦甘咸

---

① 根据《大镜》的记述，纪贯之之女家的梅花树最后还是被移植到了清凉殿，但后来又被还了回去。

季节	香名	含义	六国	香位	五味
秋之香	七夕	此香由足利义政命名。香名源自香气难以猜对的特征，是 61 种名香之一。七夕节的习俗传自中国。7 月 7 日是牛郎织女一年一次难得的约会之日，但仍有仇星来捣乱，或因天下大雨而失去约会的机会。此香原名"八重云"，曾出现在各类高级香会上。但此香的香气很不稳定，因火候不同会发出截然不同的香气，在组香会上很少被猜中。偶尔猜中者往往会获得很高的奖赏。由此，足利义政将这款香改名为"七夕"。	真南蛮	上上	甘辛
秋之香	八重菊	此香传自上古，命名者不详，是 120 种名香之一。香名源自一香多用的奇特历史。八重菊花的特点是花瓣层层叠叠。此香的香气因浓烈至极，曾经在 9 至 10 世纪参与梅花香、菊花香、卢桔香、荷叶香、莲花香等香的制作。其一香多用的历史与八重菊多瓣的特点重合，故被命名为"八重菊"。	罗国	上上	辛苦咸
冬之香	松雪	此香传自上古，命名者不详，是 200 种名香之一。香名源自独特的香型。"松雪"指落在松枝上的雪，日本的雪因水分多很重，常常把松枝压弯。此香的头香很凉，本香和尾香很稳定浓重，其风格类似"松雪"，因此得名。	新伽罗[①]	上	辛甘
冬之香	寒月	此香传自上古，命名者不详，是 200 种名香之一。香名源自独特的香型。此香的头香、本香和尾香都十分凉爽冰洁，类似"寒月"，因此得名。	罗国	上	苦辛咸
杂之香	东路	此香的命名者不详。香名源自顺德天皇（1197—1242）的一首和歌。"东路"指从京都至江户的一条交通要道。顺德天皇被流放到佐渡岛时，恐怕走过东路。其和歌中描写到："东路松常绿，东路藤花香，行人过往来，不觉袖染香。"	寸门多罗		辛苦甘酸

---

① 指庆长以后进口的伽罗。

香木

73

季节	香名	含义	六国	香位	五味
杂之香	山里	此香由圣护院道澄（1544—1608）命名。香名源自加茂成助的一首和歌："山里篱笆旁，梅花放清香，人从花前过，花入人心房。"	寸门多罗	上上	辛酸咸
恋之香	遗爱	此香由米川常白命名。香名源自白居易的诗句："遗爱寺钟欹枕听，香炉峰雪拨帘看。"	真南蛮		
恋之香	簪	此香传自上古，命名者不详，是200种名香之一。香名源自这款伽罗的外形。这款伽罗呈细长状，气味甜美，令人联想到杨贵妃头上的玉簪之柄，由此得名。	伽罗	上	甘苦

一木四铭舍性命

——高于生命的"名香"崇拜

上一节谈到日本有冠名的伽罗有3100种之多，但不是所有冠名伽罗的都是"名香"，只有其中的一部分香气特别馥郁、故事特别独特的才被称为"名香"。目前被公认的名香有：

1. 佐佐木道誉曾持有的200种名香

2. 足利将军府曾持有的50种名香

3. 三条西实隆曾持有的66种名香

4. 志野宗信归纳的61种名香

以上的这些名香是有重复的。由于志野宗信归纳的61种名香形成得最晚，所以最具有信誉。这里不妨再列出一下：

法隆寺（太子） 东大寺（兰奢待） 逍遥 三芳野

法华经 红尘 枯木 中川 八桥 花橘 园城寺

似 富士烟 菖蒲 般若 鹧鸪斑 杨贵妃 青梅 飞梅

种岛 澪标 月 竜田 红叶贺 斜月 白梅 千鸟

法花 老梅 八重垣 花宴 花雪 明月 贺 兰子

卓 橘 花散里 丹霞 花形见 明石 须磨 上薰

十五夜 邻家 夕时雨 手枕 晨明 云井 红 泊濑

寒梅 二叶 早梅 霜夜 寝觉 七夕 篠目 薄红

薄云 上马

在61种名香中最著名的是两大名香：法隆寺、东大寺。

"法隆寺"之寺院由圣德太子建于 623 年，是日本佛教最早的圣殿，该伽罗是圣德太子之遗爱，别称"太子"。其香气虽不出众，但其历史意义重大。"东大寺"由圣武天皇建于 752 年，是日本最高规格的国家级寺院，鉴真和尚曾教化于此。所藏伽罗别称"兰奢待"，馥郁至极、兼备五味，可反复上炉十次仍芳香四散。日本香道专为此香考案了"十返炉"之礼法。

作为一种植物，沉香树本身有树干、树枝的不同部分，在香道里分别被称为"本木""末木"。由于沉香油的分布不均，即使是同一棵香木也会产生不同的香气。于是，自古以来日本便流传着"同木异名"的种种故事。如：

初音、白菊、柴舟、藤袴为同木异名，

月、斜月、明月、十五月为同木异名，

须磨、明石为同木异名，

名越川、名越为同木异名，

玉琴、松风为同木异名，

老梅、宰府为同木异名，

访友、信为同木异名……

细读起来，这些同木异名的组合充满了文学的意味。"须磨"与"明石"讲的是《源氏物语》中的主人公光源氏在须磨这个地方遇到明石姑娘的故事；"玉琴"与"松风"简直就是一幅松下听琴图；"老梅"和"宰府"讲的是 10 世纪的大汉学家菅原道真受到谗言被贬到九州太宰府的历史故事。人们在闻香过程中学习了历史和文学。"香会是日本贵族增进修养的一堂课。"这种说法非常确切。

出于对名香的崇拜，日本人把拥有名香看作是一种身份的象征。几乎历代天皇、将军都以切割"兰奢待"为荣。天皇、将军们还把名香下赐给部下，以示对部下的奖赏。室町幕府的初代将军足利尊氏（1305—1358）就曾把"八重菊"作为军功的奖赏下赐给了佐佐木道誉；12世纪，大武将源赖政打退了怪兽——虎斑地鸫，于是，后白河法皇作为奖赏赐给了他一片"兰奢待"。

对于名香的使用也有许多特别的规定。一些名香在被焚烧时要使用专用的香炉、专用的灰、专用的炭，埋火的深度、理灰的步骤也有特别的规定。志野流规定，名香只在给神佛献香时使用，不能用于组香等日常香会。在香人们看来，名香是人类的共同财富，用一次就少一点，所以只能切成"马尾蚁足"来使用。保存名香要用竹皮纸或木棉纸包好后放进锡盒子里。对于从皇宫中留下的名香还要用青、紫双层纸或橙红、朱红双层纸包好收藏。严禁滥用名香。

"一木四名"是日本香道史上发生过的一则著名的名香故事。[①] 据《翁草》（1772）中记载，九州熊本颇有实力的大名细川三斋（1563—1645）文武双全，平生爱好茶道、歌道，每每听闻长崎有外国贸易船入港，都要派部下前去淘宝。有一年，他命令家臣兴津弥五右卫门带领一名随员前往长崎收集奇珍异宝。二人到达长崎后，得知刚上岸了一根大伽罗木，品质极高。伽罗木分成"元木"（干）和"末木"（枝）两部分，正在谈价出售过程中。于是，兴津弥五右卫门决定买下"元木"。此时来自东北仙台颇

---

① 熊坂久美子《一木四名的名香》，《香道入门》第124页，淡交社，1996年。

有实力的大名伊达政宗（1567—1636）的家臣也非要买这根伽罗木的"元木"，双方竞价起来。数轮过后，"元木"的价格被炒得很高。这时跟随兴津弥五右卫门来到长崎的随员建言说："何必如此，咱们就要便宜些的'末木'又何妨？"兴津弥五右卫门立即反驳道："主公命令我们买的是奇珍异宝，如果买回去的是'末木'，岂不是违背了主公的意愿？"二人在下榻的寓所争执不下。兴津弥五右卫门索性拔刀砍死了随员，最终买下"元木"，回到了熊本。

兴津弥五右卫门见到主公后，交上了大伽罗的"元木"，说明了情况，并要求切腹自杀。但是细川三斋听了以后说道："你为奉公所为，虽有人命但不该切腹。"于是，细川三斋把被杀随员的遗子找来，让兴津弥五右卫门与随员的遗子当面交杯饮酒，促成了双方的和解。其后，主公细川三斋过世。在主公过世一周年之际，兴津弥五右卫门在京都大德寺清岩和尚的引导下，于京都船冈山的西麓切腹殉身。

由兴津弥五右卫门从长崎买回的这根大伽罗"元木"便成了传世的名香。先是由细川三斋命名为"初音"。其香名取自以下这首和歌：

きくたびに、
めずらしければ、
ほととぎす。
いつもはつねの、
ここちこそすれ。

译文：

一声黄鹂叫，

报知春来到。

初音令人醉，

阵阵脆且娇。

日本宽永三年（1626），江户幕府的第三代将军德川家光要在京都的二条城①招待后水尾天皇。德川家光为了显示幕府的政治经济实力，当然要亮出奇珍异宝。他命令熊本的细川家献出名香，细川家立即割下一部分"初音"奉上。德川家光倍感欣慰，赐名"白菊"。其香名取自以下这首和歌：

たぐいありと、

たかはいはん、

すえにおふ。

あきよりのちの、

しらきくのはな。

译文：

暮秋万花落，

独有白菊香。

挺拔洁如玉，

馥郁世无双。

再说伊达政宗的家臣只买回了"末木"，传说回乡后那位家臣感到无比惭愧而自杀了。但此香不愧是名香，即使是"末木"

---

① 二条城是江户幕府在京都的政务机构所在处。江户幕府在形式上尊天皇为国家元首，但在实际上管制天皇的行动。二条城修在离皇宫的不远处，曾发挥过监视天皇的作用。

"白菊"

"柴舟"

也馥郁缭绕，香气喷鼻。伊达政宗日日赏闻，赐名"柴舟"。其香名也是取自一首和歌：

よのわざの、

うきをみにつむ、

しばぶねは。

たかぬさきより、

こがれゆくらん。

译文：

世间种种业，

舟中根根怨。

何时燃灰烬，

极乐至彼岸。

古代日本人认为砍伐树木是对生命的大不敬，被肢解了的树魂在柴舟中抱怨，这首和歌暗喻了伽罗的悲惨命运，受伤的伽罗期盼自己早日成佛，步入净土。同时也暗喻了那位自杀了的家臣。

又据记载，人们在长崎交易这块伽罗的时候，为了请天皇给这块伽罗赐香名。特地把最好的部分切了一块献给了天皇，后由天皇命名为"藤袴"。其香名也是取自一首和歌：

ふじばかま、

ならふにおいも、

なかりけり。

はなはちぐさの、

いろかわれども。

译文：

佩兰生三月，

白绿紫且红，

花序总总密，

遍野芳香浓。

御家流桂雪会理事长熊坂久美子持有以上四种名香。关于四者的香气，她是这样描述的："这四款名香是整个江户时代进口伽罗中的无上极品，芳香妙曼。因为是同木，其香气极为类似。但非要说出差别的话，'初音'更芳醇；'白菊'更高洁；'柴舟'更厚重；'藤袴'更清扬。四款伽罗均宛如升华了的武士之魂，将永传世间。"

17、18世纪，在日本香道繁荣时期，沉香格外抢手，供应紧缺。日本人尝试从本土的香木里寻找可供闻香用的香木。这些香木被称为"和香木"，其中有松、杉、楠、丝柏、梅等。并留有香名：瑞香木、长柄桥、光远木、夏衣、千岁、末松山等。日本人还曾把奥州平泉中尊寺的杉、奈良法隆寺的古材、严岛神社鸟居①的古材等当作香木，以表达对神佛的敬仰。

关于香片的大小，原则上是"马尾蚊足"，但如果人多，可以是3毫米正方，1毫米厚。

能在香会中上场的伽罗都必须是有雅号的伽罗。香主要按照主题安排香木的出场顺序，如果有的香木还没有名，可以临时命名。选用沉香首先要考虑季节，不管是多么好的香，如果用的节气不

---

① 即神社的牌楼。

对都是令人扫兴的。比如，在冬季的香会上用了"梅雨"，在秋季的香会上用了"桃花"，这都是禁忌。

关于鼻息的用法，有"右重左半"的说法。

或曰：阳时用左鼻孔，阴时用右鼻孔，亥子交时用两鼻孔；

或曰：子时用左，丑时用右；

或曰：亥子之间，巳午之间，申酉之间，用两鼻；

或曰：子辰午申戌为阳，用左。丑卯未酉亥为阴，用右。

夏季不适合闻香，下雪的早晨、下雨的黄昏适合闻香。

香木

香客基本礼法

传递香笺礼法

　　香主在一个香盘上竖着放好小绢巾、香笺插（内插香笺）。香客行次礼之后，拿香盘的 3 点 9 点处，举高 20 公分，放在身前，香盘的下沿离桌沿 20 公分。香客拿起一块小绢巾，横放在身前，小绢巾的下沿离桌沿 1 公分。香客左手的四个手指压住香笺插，右手抽出一个最靠右的香笺，将其横放在小绢巾的上半部，然后拿香盘的 3 点 9 点处，将香盘送至自己与下位香客之间。这时，香主又在笔盒内备好笔，首席香客拿笔盒的 3 点 9 点处，举高 10 公分，放在身前，笔盒的下沿离桌沿 20 公分。拿出一支笔，将其放在小绢巾的下半部，尔后将笔盒传给下一位香客。

　　闻完香，就该交出答案了。这时，香主会递过来空的香笺盘，香客行次礼后，拿香笺盘的 3 点 9 点处，举高 10 公分，放在身前，香笺盘的下沿离桌沿 20 公分。然后把写好的香笺从右至左竖放在香笺盘上，依次传递下去。

吃茶点礼法

　　在等待执笔人抄写香会记时，有吃茶点的环节。主人方会准备没有高香、入口易化、没有或少有渣子的精致点心。点心被盛在精致的漆盘里，盘中还放有白色的点心纸。点心分两组送上（每个漆盘盛有 5 份点心），香客行次礼后，拿点心盘的 3 点 9 点处，不用举盘，放在身前，香盘的下沿离桌沿 20 公分。香客拿起一张放点心的怀纸，[①] 横放在身前，怀纸的下沿离桌沿 1 公分。香客右手取点心盛至怀纸上，然后把点心盘下传。香客将怀纸拿起用点心，以使点心渣不会乱掉。用后将怀纸折叠好放入自己的口袋里带回。

　　此时，主人方会将斟好的茶（每碗 100 毫升）分两组送上（每个茶盘盛有 5 杯茶），香客不用举盘，依次品茶，再将空杯传回。

---

① 因这种纸常常被揣在怀中备用，故称此名。

传看香会记礼法

——

执笔人写好香会记后，两手拿香会记的 3 点 9 点处，倾斜 45 度拿起验看，香会记的底边与桌沿齐。验看没有问题后，右手向上移动 5 公分，左手向下移动 5 公分，交给左侧的香主，左侧的香主伸出左手接香会记的 9 点处，右手从香会记的底下通过接 3 点处，验看香会记的内容。众香客依次传阅。当香会记传回香主时，香主将香会记逆时针转 90 度，从底下向上卷。然后竖起，把头部按一下固定好。

香主宣布："今日某某某鼻观聪慧，获赠香会记。"获赠者起身走到香主旁。香主说"请笑纳香会记"，获得者回"感恩香主"。获得者回位，把香会记放在桌子上后，众香客说"恭喜恭喜"，获得者回"谢谢，谢谢"。

香木

香会

香丸雅集 "薰香合"

——足利义政《五月雨日记》（1478）的记录

日本民族是一个乐于雅集的民族。几人或十几人聚在一起，围成一个圈，作诗赋歌、弹琴品茗、插花闻香。参会者不分上下，共享艺术之美，有时还伴随酒宴。这种文化传统被称为"座的文化"。"座"是指众人围成一个圈，席地而坐的意思，也是团体的意思。"座的文化"传统可溯源至敬神的习俗。古代日本人认为"万物有灵"，相信日本有八百万神。村村有神社，神社里供奉着"氏神"，即族神，人人都是神的"氏子"、神的孩子。八百万神是游动不定的，供奉时的第一个步骤是"迎"，然后是"奉"，最后还要"送"。一般每半个月要举行一次"迎奉送"的神事，经过千百年的积淀，神事的程式化程度是非常高的。不论谁来当"座长"，只要照惯例办事都能让神事顺利完成。[①]而运营神事的组织名称就叫"宫座"。就是在这种"座的文化"传统中日本产生了茶道、花道、香道。

日本民族还是一个喜欢做游戏的民族。他们喜欢在游戏中学习、交友、增长技能。香会的最初设计目的就是提高贵族的文化修养。为了把游戏做得更加规范，使之充满紧张的愉快感，还导入了把参会者分成左右两个阵营的竞赛机制，使双方交战便叫"合战"。例如，相当于中国春晚的日本过年联欢晚会上的男女对唱

---

① 座长由村里人轮流担任。

就叫"红白歌合战";打雪仗叫"雪合战";比菊花的叫"菊花合"。"合战"可简称"合",可理解为"比赛"的"赛"。但日本"合战"文化的特点是不在乎输赢,只在乎过程,大家能有兴致参加、气氛乐融融便好。

日本室町时代文明十年（1478）十一月十六日,将军足利义政在他的《五月雨日记》中记录了当天举办的"六种薰物合":参会者为6人,左3人、右3人,分成两个阵营,各坐东西。另有一位"判者"① 坐于北侧。每人拿出两款自制的香丸参加比赛。评比的标准有三:香名是否优雅有趣、香味是否美妙醉人、搭配的和歌是否诗情饱满。由左队先点一炉,右队后点一炉。"薰物合"使用较大的香炉,使用香丸。香丸的气味很足。香炉只放在会场中心的地板上（而不是每人手捧起香炉,把香炉凑近鼻子进行闻香）。为了让每位参会者都闻到香气,往往用扇子扇动一下香气。之后便由出香人报香名,吟诵赞美该香的和歌。其后由判者裁定胜负。一局结束后进入第二局。此次"薰物合"比赛共举行了6局,有12款香丸参加了比赛。

根据我国宋代陈敬《陈氏香谱》的记载,古代用蜂蜜与香药粉合成的香丸有"汉建宁宫中香""寿阳公主梅花香""唐开元宫中香""宣和御制香""丁晋公清真香""黄太史清真香"等个性化的香丸。想必日本人在制作使用香丸的过程中也产生了以上的个性化香丸。把这些香丸拿到"薰物合"上,加热使之发香,对其独特的香气赋予文学的联想,在竞赛的紧张感中调动嗅觉的

---

① 判者往往由天皇、将军或大贵族担任。

潜力，令香丸的初香、本香、尾香都受到极大的关注，这便是"薰物合"的意义了。

但是，一些香道研究专家怀疑："薰物合"在历史上是否真的普遍存在过。[①] 这是因为记载"薰物合"的史料过于稀少，目前只能举出三个。一个是在《源氏物语·梅枝》卷中提到的光源氏与众女眷为制作女儿出嫁用的香丸而举办的"薰物合"；二是1152年，藤原家成在京都五条坊举办的有三十位门客参加的华丽的"薰物合"；三是1478年，足利义政在他的《五月雨日记》中记录的"薰物合"。因为日本的文明开始得比较晚，史料保存得比较完整，研究者们习惯用确凿的史料数据来考证问题，所以就对"薰物合"的存在有疑惑。关于这个问题，将来或许还有新的史料现世。

----

① 松原睦在《香的文化史——以沉香在日本的使用历程为主线》中就持怀疑态度。

香木雅集"名香合"

——志野宗信《宗信名香合记会》（1502）的记录

"薰物合"用的是由多种香药粉掺和蜂蜜制作的香丸。"香合"用的是香木，即沉香。更准确地说，是沉香中的精品——伽罗。"香合"的出现晚于"薰香合"，是15世纪沉香贸易繁荣期催生的文化成果。"香合"时如果使用的是有名的伽罗，就称"名香合"。

日本文龟二年（1502），在志野宗信的府上就举办了一场"名香合"。根据《宗信名香合记会》的记载，此次的参会者共有10人，都是当时的贵族遗老、名士、文化人。具体人名是：牡丹花梦庵肖柏、归牧庵玄清、咲山轩大碣、二阶堂行二、松田丹后守长秀、池田左京亮兼直、内藤内藏助元种、波波伯部兵库助盛卿、志野又次郎祐宪（志野宗温）、志野三郎左卫门宗信（为记述方便，下文只标明10位参会者名的最后两个字）。全体参会者都是男士。此次"名香合"共进行了10局比赛，赏闻了20款名香。20款名香全由参会者带来，每位带来了两款。以下举出其中的两局比赛进行具体分析。

第八局"名香合"：

左队，由元种出了一炉"明月"香，经传闻，玄清和祐宪投了赞成票；

右队，由玄清出了一炉"落花"香，经传闻，元种和宗温投了赞成票。

其他六位香客投了弃权票。

左右各得两票，这一局"名香合"打成平局。

"明月"和"落花"都是足利义政收藏过的名香，都是伽罗。

判词中写道：描写秋色的"明月"遇到赞美春光的"落花"，已是奇特之事。秋色与春光的媲美，自古在文学上的争议就喋喋不休，就如同"定家"之梦①遇到"古今"之歌②，各有千秋，相得益彰，因此判为平局。

值得注意的是，在香会上，出香人很谦虚，总是把赞成票投给对方。在以上的第八局名香合中，左队的出香人元种把赞成票投给了右队的"落花"香；右队的出香人玄清把赞成票投给了左队的"明月"香。其实，在传香炉时，先后顺序是被打乱的、保密的。但作为一个老练的香人是要闻出自己出的香片的，因为日本香人视香同己出，特别了解、特别喜爱才拿到香会上来，如果闻不出自家的香片就出大笑话了。以上的元种和玄清两位香人在闻出自家香片后，把赞成票投给了对方。这也印证了，日本"座的文化"重在娱乐、重在修养的特点。

第十局"名香合"：

左队，由长秀出了一炉"邻家"香，经传闻，肖柏、兼直、元种、祐宪投了赞成票；

右队，由肖柏出了一炉"花雪"香，经传闻，大碣、长秀、宗信投了赞成票。

其他三位香客投了弃权票。

---

① 指藤原定家（1162—1241）的《明月记》中提到的灵梦。
② 指《古今和歌集》（914）中提到的一首有关落花的和歌。

用闻香炉点香的场景

左队得四票，右队得三票，这一局左队获胜。

"邻家"与"花雪"都是足利义政收藏过的名香，都是伽罗。

判词中写道："邻家"之香的香气很足，连左右的香客都能闻到，真不愧其香名所示。《论语·里仁》中言"德不孤，必有邻"。"花雪"之名来自藤原俊成的和歌："东方尚未明，急于采花去。落樱如白雪，春花恼煞人。"藤原俊成位至三品，是著名的歌人，今天的赞成票数也为三，相得益彰。

此次名香合是在志野宗信府上举办的。关于志野宗信其人的生平尚缺少确凿的史料。但可以确定的是，志野宗信出身于武士，是足利义政的文化侍从，曾住在京都四条，跟随三条西实隆研究香道，并擅长和歌、茶道。大永三年（1523）离世，享年82岁，一说79岁。志野家作为香道世家受到注目是后来的事情。志野宗信及其儿子志野宗温（志野又次郎祐宪）、孙子志野省巴（志野弥次郎信方）三代香人活跃于日本香道界，之后，志野家的香道世家地位才被世人认可。

猜香游戏"十炷香"

——日本香会的原点

常见香会的运作模式有一个共同点，即参会者需要分成左右两队进行比赛，并且需要一个博学多识的评判人（判者），或要求全体参会者必须具有较高的文学修养，或要求所有参会者都必须自带香木。这就会给香道活动在民众间的普及带来障碍。而"十炷香"的出现打破了这一香道文化发展的瓶颈，使得一般民众、初学者也能较顺利地参与香会。从这个意义上来说，"十炷香"是日本香会的原点。

最早的有关"十炷香"的记录可见于 1334 年的一则史料。1334 年是镰仓幕府被推翻的第二年，新的室町幕府正处在酝酿的时期，各种新旧势力表现得十分活跃，各种颠倒常理的社会风俗频出。一位在野文人将此编写成了一首讽刺歌谣，并将其书写在了政府的政令公告牌上。该文即《二条河原落书》，是一篇反应 1334 年时政的重要史料。在 88 行的《二条河原落书》中，其中的一行就描述了"十炷香"的情况：

茶香十炷之游戏聚会，在镰仓流行也就罢了，但在京都也是火爆异常。

在作者的心中，"茶香十炷"这类粗俗的游戏聚会在文化沙漠的镰仓流行是可以理解的，但在有着皇家贵族文化传统的京都盛行则是颠倒常理的。

"十炷香"的香会大致是这样进行的：参加者围成一个圆圈，人数在 10 至 20 人之间。香主准备 3 种伽罗香木片，命名为"一之香""二之香""三之香"，各包 4 包，香客带来另一种伽罗香木片，命名为"客之香"，包 1 包。香会开始后，先试闻"一之香""二之香""三之香"各 1 包，参会者需记住每种香木片的香气特征、颜色特征。其后香主把剩下的"一之香""二之香""三之香"各 3 包共 9 包，加上 1 包"客之香"随意打乱顺序后出香。参会者闻后需写出正确的出香顺序并提交答案。其后，由执笔者抄写各位的答案于《十炷香会记》上。获胜者将得到《十炷香会记》及毛笔、砚台、书画、工艺品等奖品。

其实，日本茶道的"十炷茶"的茶会就是在"十炷香"的香会流行之后演绎而成的，其中的"炷"字与"种"字在日语里发音相同，所以，可以理解为"十种茶"的茶会。不论是"十炷香"的香会还是"十种茶"的茶会都有着浓厚的竞技游戏的特点，参会者不论身份高低、修养高低，都可以得到快乐。"十炷香"成为了日本香会的原点，至今已经演绎出了约 1000 种的闻香游戏。[①]"十炷香"又堪称日本香道的"组香之祖"。

虽然"十炷香"的香会目的以游戏娱乐为主，但在其后的历史发展过程中，日本文学的诸般要素也浸染其中。如前所述，被认定为可在香会上使用的伽罗香木一般会有一个雅称。那么香主在选择"一之香""二之香""三之香""客之香"时就可以巧做安排，通过伽罗的雅称来表现一个画面、一段文学故事。"组香"

---

① 根据日本《大辞林》组香条目。

的"组"字，即指闻香与文学之组合。

　　三条西公正在其《香道的历史与文学》中参照《香元秘传奥仪之卷》《香道参考指南》《香道偷闲录》等对"十炷香"的香木安排要领做了记述。他提出要根据举办香会的季节来安排香木。不管是多么有名的香木，如果它的雅称与季节不符，也不能使用。比如，在冬季的香会上使用名叫"蟋蟀"的香木，在秋季的香会上使用名叫"樱川"的香木，都是犯了大忌。春天的香会就要使用雅称为"若菜""浅绿""胧月夜"等的香木；夏天的香会就要使用雅称为"时雨""凉风""泽兰"等的香木；秋天的香会就要使用雅称为"菊花""明月"的香木；冬天的香会就要使用

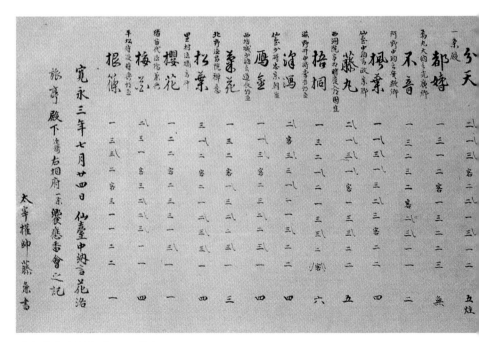

《十炷香会记》（1624 年）

雅称为"初雪""寒草"等的香木。同时还要照顾到"六国五味"各类香木的搭配，例如以下的一次春季香会的香木搭配：

一之香：早蕨（罗国）

二之香：春霭（真南蛮）

三之香：川边（佐曾罗）

客之香：一声（伽罗）

这是于某年二月十五日举办的一次真实的香会。2 月正值蕨菜的出土时节，此节气的天空总是朦朦胧胧的，采摘蕨菜的人沿着小河边行走，忽然传来一声草莺的歌唱。可以想象，在当日的香会上，香主和香客们都沉浸在一片春天的原野里了。

香会

提高修养在"组香"

——古十组、中十组、新十组

组香是日本香会的主要形态，是以闻香为契机的竞赛游戏。香主在一个主题下，使用 2 至 7 种伽罗，香客须一边心念主题一边用嗅觉识别香气。主题往往来自古代和歌、历史典故。获胜者可得到奖品。初见于 14 世纪的"十炷香"是组香的原点，后演绎出约 1000 种组香。在组香的发展过程中，16 世纪创意的"古十组"、17 世纪创意的"中十组"、19 世纪创意的"新十组"最为著名。

"古十组"：

1. 十炷香　2. 花月香　3. 宇治山香　4. 小鸟香　5. 郭公香

6. 小草香　7. 系图香　8. 焚合十炷香　9. 源平香　10. 鸟合香

"中十组"：

1. 名所香　2. 源氏香　3. 竞马香　4. 三炷香　5. 矢数香

6. 草木香　7. 舞乐香　8. 源氏四町香　9. 住吉香　10. 烟争香

"新十组"：

1. 花军香　2. 古今香　3. 吴越香　4. 三夕香　5. 蹴鞠香

6. 莺香　7. 六仪香　8. 星合香　9. 斗鸡香　10. 焚合花月香

下面对"古十组"中的第三个组香"宇治山香"进行详细说明。①

"宇治山香"是根据日本 9 世纪的一位著名歌人喜撰法师的一首和歌编作的。喜撰法师曾被尊为"六大歌仙"之一，即在当时最知名的六位歌人之一。他修习密教、念咒求仙、乘云驾雾，不与常人为伍，住在京城东南的偏地宇治。"宇治"二字的发音与"忧虑"同，被人称为不祥之地。喜撰法师虽被尊为歌仙，但他留下的和歌只有一首，而且传说他一生中只作过这一首和歌：

わがいほは

みやこのたつみ

しかぞすむ

よをうぢやまと

ひとはいふなり

译文：

吾家<u>小茅屋</u>

落户<u>京东南</u>

朝夕<u>鹿相伴</u>

淘淘<u>乐天然</u>

谁言<u>忧世间</u>（以下记述只用画线部分）

喜撰法师用这首和歌反驳了世人对他居住于宇治的偏见，嘲讽了聚集在京城、为俗事奔命的朝官。这首和歌引起了贵族们的极大反响，被编作"宇治山香"组香：

---

① 三条西公正《香道：历史与文学》第 142 页，淡交社，1985 年。

1. 准备香木

准备名为"小茅屋""京东南""鹿相伴""乐天然""忧世间"的 5 种香木片，各包 1 包，小香包上标写香名。此为试香。

准备与试香同样的名为"小茅屋""京东南""鹿相伴""乐天然""忧世间"的 5 种香木片，各包 1 包，香包上不标写香名，把香名写在小香包纸右上角，并折叠盖住香名。此为本香。

2. 加热试香与本香

香主按一定规则手法摆出香具、调整炭火、放置云母片，开始点香。香主送出"小茅屋""京东南""鹿相伴""乐天然""忧世间" 5 炉试香，请全体香客传闻，并一一清楚地报出香名，提醒香客记住每款香的香气特征。

接下来，香主拿起 5 包本香，将香包的顺序完全打乱，拿下其中的 4 包，只选中 1 包。加热选中的香木片，出本香炉，请各位香客传闻本香。此时，香客们全神贯注地闻香，各自断定出正确的本香，在记纸（即答案纸）上写出"小茅屋""京东南""鹿相伴""乐天然""忧世间"等其中的一个答案并提交。由香主的助手（也称执笔者）将各位的成绩抄写在《宇治山香之记》上。传看香会记，公布成绩。"宇治山香"会的前半场告一段落，香客们可以放松一下了。

3. 重新命名拾遗香

这时，香客中的首席香客会说："请香主把落选的那 4 包香也给我们鉴赏一下吧。"香主应诺，香会进入下半场。香主把落选的 4 包本香按照先后顺序重新命名为"花""鸟""风""月"。有 A、B、C、D 四种可能：

A. 如果落选的 4 包香是"京东南""鹿相伴""乐天然""忧世间"，新的命名将是——

"京东南" = "花"

"鹿相伴" = "鸟"

"乐天然" = "风"

"忧世间" = "月"

B. 如果落选的 4 包香是"小茅屋""鹿相伴""乐天然""忧世间"，新的命名将是——

"小茅屋" = "花"

"鹿相伴" = "鸟"

"乐天然" = "风"

"忧世间" = "月"

C. 如果落选的 4 包香是"小茅屋""京东南""乐天然""忧世间"，新的命名将是——

"小茅屋" = "花"

"京东南" = "鸟"

"乐天然" = "风"

"忧世间" = "月"

D. 如果落选的 4 包香是"小茅屋""京东南""鹿相伴""乐天然"，新的命名将是——

"小茅屋" = "花"

"京东南" = "鸟"

"鹿相伴" = "风"

"乐天然" = "月"

香会

101

4. 加热拾遗香

香主把新命名好的 4 包香打乱顺序，再次调整炭火、放置云母片，再次开始点香、出香。香客们认真闻香，凭借对试香的记忆判定答案。闻过 4 炉香后可以写答案了。但拾遗香答案的书写需要文学的描写：

4 炉香按照出香顺序分成两组描写。即先出的两炉为一组，后出的两炉为一组，把两炉香的名称叠加在一起导出一个新的固定的情景概念：

"花" + "鸟" = 百啭

"花" + "风" = 心挂

"花" + "月" = 林间

"鸟" + "花" = 羽音

"鸟" + "风" = 鸟巢

"鸟" + "月" = 关晓

"风" + "花" = 松雪

"风" + "鸟" = 夜啭

"风" + "月" = 云间

"月" + "花" = 桂元

"月" + "风" = 雪隐

"月" + "鸟" = 夜鸦

如上，某一位香客的答案就可能是"百啭 云间"或"雪隐 松雪"等。

5. 执笔者给香客记成绩

"宇治山香"的后半场告一段落，香客们交上答案，可以松口气了。执笔者抄写后开始判分。在日本香道里，为了不给败者难堪，在标识成绩时都要用含蓄风雅的语言。"宇治山香"拾遗香的答案应有上下两个，成绩的表达语言有 4 种：

如果上一个答案对了，下一个答案也对了，就写"喜撰"；

如果上一个答案对了，下一个答案错了，就写"旧迹"；

如果上一个答案错了，下一个答案也错了，就写"田夫"；

如果上一个答案错了，下一个答案对了，就写"歌人"。

一套组香里蕴含着丰富的内容。参会者在将近两个小时的香会中重温了历史，学习了和歌，练习了书法，领会了古人的精神生活。同时学习了礼仪，扩大了社交。日本古代没有科举制度，没有私塾，香会的作用可能比现代人想象的更重要。

十种香具

盘上演兵鏖战急

——香道游戏功能的极致表现

香道游戏功能的极致表现就是"盘物组香"了。"盘物组香"，指在闻香游戏过程中使用类似棋盘的物件来表示输赢战况的一种组香。"盘物组香"通常由 10 人参加，参会者分成甲乙两队进行闻香对决比赛。"盘物组香"使闻香游戏过程视觉化，更增强了日本香道的游戏功能。但"盘物组香"往往使参会者更多地关注闻香比赛的输赢而忽视了对香木、香气本身的关注，有悖于香道修身养性的精神，故一直遭到日本主流香道人的排斥。"盘物组香"也可以翻译成"盘上斗香"。

"盘物组香"发生于 17 世纪的上半叶。对日本香道文化的普及做出了重大贡献的后水尾天皇驾崩后，其中宫和子①考虑到在那以前的闻香活动都是以男性为主体的，相关的礼仪做法也只适合男性，并不利于香道在女性中的传播。为了让女性更乐于参加香会，和子指导制作出了图案绚丽的香道具并创意了"盘物组香"，这增强了香会的游戏成分，减少了文学成分。此举使香道一下子普及到社会的各个阶层。日本香道迎来了最盛时期。

众人的参与带来了各种组香的大量问世，其中的"盘物组香"也获得蓬勃发展。

---

① 中宫即皇后的意思，和子是德川家康的孙女。

先有四大"盘物组香"：竞马香、矢数香、源平香、名所香。

其后有十大"盘物组香"：六仪香、吉野香、龙田香、角力香、鹰狩香、斗鸡香、舞乐香、花军香、蹴鞠香、吴越香。

一时间，"盘物组香"的种类多达80多种。以下对"名所盘物组香"进行较详细的记述：①

标准的"名所盘物组香"香会由10人参加，另有香主和执笔者。10人分成甲乙两队，但仍围成一圈，按逆时针排序②。1、3、5、7、9的5位香客为甲队；2、4、6、8、10的5位香客为乙队。准备好斗香盘。准备好5个樱花枝、5个红叶枝（相当于棋子）。

在日本文学史上，自古就有"春秋优劣"之争。

在日本最早的和歌集《万叶集》(759)卷一中有这样一段记述：一日，天皇下诏，令众臣就"春山万花之艳"和"秋山千叶之彩"的谁之优劣进行辩论。皇后额田王发表了如下和歌③：

冬ごもり　春さり来れば　鳴かざりし　鳥も来鳴きぬ　咲かざりし　花も咲けれど　山を茂み　入りても取らず　草深み　取りても見ず

秋山の　木の葉を見ては　黄葉をば　取りてそしのふ　青きをば　置きてそ歎く　そこし恨めし　秋山われは

译文：

冬去春来，鸟儿开始叫，花儿开始开，山林草盛挡去路，女儿不得采，恼人的春天。

---

① 此处参照蜂谷宗由监修、長**ゆき**编写《香道的作法与组香》第231页。
② 御家流按逆时针排序，志野流按顺时针排序。
③ 8世纪的和歌在字数上还没有定型，这属于长歌。

秋叶泛黄，女儿拿手上，时有绿叶掉地上，不禁感伤，喜忧任我狂，我爱秋天。

在日本最早的小说《源氏物语》中，主人公光源氏为了观赏四季的美景，把自己在六条院的居所按季节进行了设计。

紫夫人居住的庭院，春天最美；

花散里夫人居住的庭院，夏天最美；

秋好中宫夫人居住的庭院，秋天最美；

明石夫人居住的庭院，冬天最美。

秋色正浓的一天，秋好中宫为了夸耀自己庭院的美丽，特别将几片红叶放在了一个精致的盘子里，并附上和歌送到了紫夫人那里。其和歌写道：

心から　春待つ園は　わが宿の　紅葉を風の　つてにだに見よ

译文：

夫人盼花开，春天尚遥远，送上吾园红叶，且当春信一片。

不服输的紫夫人把一些青苔铺在盘子里比作岩石，上面插上了五叶松送还给了秋好中宫，并且也附上了一首和歌：

風に散る　紅葉は軽し　春の色を　岩根の松に　かけてこそ見め

译文：

秋叶轻且散，春色如磐岩，送上青苔五叶松，请君欣赏观看。

真是一段风情万种的往来。

在《源氏物语》中还有一个场景，说夕雾暗恋紫夫人，于是在一次春秋优劣的论争中支持春色。在场的光源氏搪塞说：此论争自古以来难分难解，还是《毛诗注疏》里说得好，"女感阳气春思男，男感阴气秋思女"。

要说日本历史上最著名的有关春秋优劣之争的和歌，就要提起纪贯之（868—945）的一首：

春秋に　思ひ乱れて　わきかねつ　時につけつつ　うつる心は

译文：

春也恼人，秋也恼人，春花秋叶都喜爱，时过境迁人心变。

伴随着春秋优劣的论争，还有最美春景名胜地、最美秋景名胜地的论争。最终胜出的春景是奈良南郊的"吉野"；最终胜出的秋景是奈良北郊的"龙田"。而"名所盘物组香"中的"名所"即是"名胜"的意思，在香会上分成的甲乙两队的雅号就是"吉野队"和"龙田队"。总之，"名所盘物组香"是在日本历史上的春秋优劣之争的文化背景中诞生的。

春季香会时，"吉野队"（樱花枝）为奇数，"龙田队"（红叶枝）为偶数。如果打成平局，算"吉野队"（樱花枝）获胜。

秋季香会时，"龙田队"（红叶枝）为奇数，"吉野队"（樱花枝）为偶数。如果打成平局，算"龙田队"（红叶枝）获胜。

具体操作过程如下：

1. 准备香木

准备命名为"一之香""二之香""三之香"的3种伽罗香木片，各包1包，小香包上标写香名。此为试香。

准备与试香同样的名为"一之香""二之香""三之香"的3种香木片，各包3包，共9包，香包上不标写香名，把香名写在小香包纸的右上角，并折叠盖住香名。此为本香。

由香客带来一种伽罗香木片，命名为"客之香"，包1包。此也为本香。

2. 开始闻香

香会开始后，香主按一定规则手法摆出香具、调整炭火、放置云母片，开始点香。香主依次送出"一之香""二之香""三之香"3炉试香，请全体香客传闻。香主一一清楚地报出香名，提醒香客记住每款香的香气特征。

接下来，香主拿起10包本香，将香包的顺序完全打乱，开始出本香炉，请各位香客传闻本香。此时，香客们全神贯注地闻香，根据自己对刚刚闻过的试香的记忆，各自辨别出本香的正确出香顺序。

3. 香客发表答案

"盘物组香"要求每闻完一炉香就要立刻出答案。这种立刻发表答案的模式叫"一炷闻"。答案的发表方式是出香札（一种宽1公分，长2公分的竹牌）。香札上写有"一""二""三""客"的标识。香客们将香札传到执笔者手中，执笔者立即发表成绩。盘上的樱花枝和红叶枝开始移动。

4. 盘上战况的表达

斗香盘呈长方形，分成横5格、纵11格。格子呈正方形，唯有中间的第六格呈长方形，此为"分捕场"，是激战之空间。每小格内有左右两个孔，供插花枝之用，比赛时，花枝须插在右侧的小孔上。

第1位香客（樱花枝）与第2位香客（红叶枝）组成一个对

决态势，在同一竖格上进退；

（可简称樱花1、红叶2）

第3位香客（樱花枝）与第4位香客（红叶枝）组成一个对决态势，在同一竖格上进退；

（可简称樱花3、红叶4）

第5位香客（樱花枝）与第6位香客（红叶枝）组成一个对决态势，在同一竖格上进退；

（可简称樱花5、红叶6）

第7位香客（樱花枝）与第8位香客（红叶枝）组成一个对决态势，在同一竖格上进退；

（可简称樱花7、红叶8）

第9位香客（樱花枝）与第10位香客（红叶枝）组成一个对决态势，在同一竖格上进退；

（可简称樱花9、红叶10）

1炉香过后，樱花枝、红叶枝分别插在自己一方的第一格的右孔上。只是闻对的人的花枝立着放，闻错的人的花枝躺着放，躺着的花枝想立起来，需要闻对1次。

闻对一次进1格。

闻对"客之香"进2格。

10人中只有1个香客闻对时，该香客进2格。

当樱花1顺利进展到第5格，其后又闻对了，进格到"分捕场"，而对决方的红叶2此时如闻错，须倒退1格；接下来，如果樱花1又闻对了，进格至红叶区，而红叶2又闻错时，红叶2须将红叶枝放倒。

进格多的为胜。每一格算 1 分。

10 炉香闻过后，由执笔者计算总成绩。比如"吉野队"（樱花枝）共进 34 格，获 34 分，"龙田队"（红叶枝）共进 28 格，获 28 分。"吉野队"获胜。但无论哪个队获胜，春季的香会记上要先抄写"吉野队"的成绩，后抄写"龙田队"的成绩，秋季的香会记上则相反。如果打成平局，春天时算"吉野队"（樱花枝）获胜，秋天时算"龙田队"（红叶枝）获胜。看来比赛只是为增添乐趣，成绩并不重要。

四种香盘（竞马香、源平香、名所香、矢数香）

源自中国文化的组香三种

1《雪月花香》——源自白居易的故事

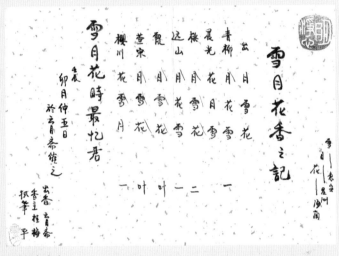

雪月花香会记

1. 准备及试闻
准备名为"雪之香""月之香"的香包各 2 个,各试闻 1 包。
准备名为"花之香"的香包 1 个,无试闻。
2. 正式出香猜香
香主将"雪""月""花"3 包香打乱,开始出香。
请香客写出"雪""月""花"的出香顺序。
香会记上的主题句为:雪月花时最忆君。答对的写"叶"。
3. 组香出典
此组香出自唐代诗人白居易怀叙其江南老友(一位乐师)的七言律诗《寄殷协律》:"五岁优游同过日,一朝消散似浮云。琴诗酒伴皆抛我,雪月花时最忆君。几度听鸡歌白日,亦曾骑马咏红裙。吴娘暮雨萧萧曲,自别江南更不闻。"白居易在诗中回忆了与老友曾经五年一同游玩的开心时日,感慨一朝分离,难以相聚。弹琴作诗饮酒的同伴都已不在诗人身边，诗人不禁想起了与老友以前的风花雪月之事。

4. 组香鉴赏

通过听香，香友们重温白居易的优美诗文与情怀，美妙的香气令人更加怀古惜今。

2《星合香》——源自牛郎织女的故事

星合香会记

1. 准备及试闻

准备名为"牵牛""织女"的香包各 2 个，各试闻 1 包。

准备名为"仇星"的香包 5 个，无试闻。

试闻后，共有 7 个香包，将 7 包打乱，进入猜香。

2. 正式出香猜香

香主将 7 个香包打乱，进入猜香。

请香客写出答案。用简称"牵""织""星"的文字写出。

要求香客猜出"牵牛"与"织女"的确切出香位置。

"牵牛""织女"两款香不分先后，先出现的写"牵"，后出现的写"织"。

如果仅猜中了前一个，其成绩标写"晓雨"，因为牛郎织女是从晚上出发去约会，其前半程见到了，后半程因为下雨没有见到。

如果仅猜中了后一个，其成绩标写"宵雨"，还是因为牛郎织女是从晚上出发去约会，其前半程因为下雨没有见到，后半程见到了。

如果完全没有猜中，其成绩标写"大雨"。

如果完全猜中，其成绩标写"星合"。

香会记上的主题句是：但愿人长久，千里共婵娟。

3. 组香出典

星合香是根据中国七夕的故事而创作的组香。对于牵牛星和织女星来说，一年只有一次的约会机会是十分珍贵的。善良的人们都希望七月七日这一天不要下雨。但世上总有一些嫉妒他人恋路、总是捣乱的人。组香中的 5 颗仇星就是前来阻止牛郎织女约会的，这使得二星的约会更增加了难度。于是，牵牛星和织女星有时候一年也见不上一面。如此被日本改编的故事更充满了拟人性、趣味性。

4. 组香鉴赏

通过倾心闻香，力求猜对牵牛香和织女香的出香位置，养成成就他人之美的积善美德。

3《菊花篱笆香》——源自陶渊明的诗歌

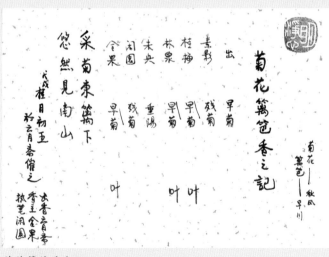

菊花篱笆香会记

1. 准备及试闻

准备名为"菊花香"的本香包 1 个。

准备名为"篱笆香"的本香包 2 个。

无试闻。

2. 正式出香猜香

香主将"菊花香"1 包、"篱笆香"2 包打乱。

香主点香出香。请香客猜出菊花香的出香位置。

如果是"菊篱篱"就在记纸上标写"早菊",意即菊花尚矮。如果是"篱菊篱"就在记纸上标写"重阳",意即菊花正在盛开。如果是"篱篱菊"就在记纸上标写"残菊",意即菊花已经停止了生长。答对的,写"叶"。在香会记上的主题句为:采菊东篱下,悠然见南山。

3. 组香出典

东晋陶渊明曾几度出仕,任过祭酒、参军一类小官。41 岁时弃官归隐,从此躬耕田园,以田园生活为题材进行诗歌创作。其中有《饮酒二十首之五》:"结庐在人境,而无车马喧。问君何能尔,心远地自偏。采菊东篱下,悠然见南山。山气日夕佳,飞鸟相与还。此中有真意,欲辩已忘言。"古时的菊花茎叶较纤弱,往往倚靠在墙边、篱笆边。

4. 组香鉴赏

通过闻香,香友们重温陶渊明的优美诗文与情怀,美妙的香气令人更加怀古惜今。

香礼

香室滥觞弄清亭——香室与壁龛的装饰规则

施礼：笺、札、笔、纸、砚——香客的诸般礼法

起坐进退有礼数——香室内活动的基本姿势

致敬：匙、铗、箸、扫、炉——香主的诸般礼法

点香猜香在"游心"——御家流点香式

埋炭理灰为"修身"——志野流点香式

　　日本民族是一个重视礼法的民族。论其文化渊源可以举出三点：一是出于受到了中国儒教礼学的影响，对祖先和上帝的崇敬、对尊卑贵贱亲疏的区别意识都被日本人接受并遵为社会的准则；二是出于对自然的敬畏，这致使日本人对自己周围的人物、器物、事物不敢敷衍，一一敬畏、一一礼拜；三是出于政治世袭传统，万世一系的天皇制度使得日本的古代社会形成了无数个阶梯，每个人都被束缚在相应的位置上，于是产生了丰富的礼法。

　　按照一般规律，"上待下"的礼法肯定要简单于"下奉上"的礼法。因为日本香道本身产生于贵族阶层，是贵族的文化娱乐活动，所以，比起产生于武士阶层的茶道来说，其礼法显得相对简单一些。目前，承接于三条西①家的御家流香道常用的点香礼法只有一套，且提倡洒脱自然的风格。御家流讲究使用上等的沉香，讲究炭的火候，以便让沉香的香气尽放。御家流把艺术追求的重点放在了对香木、香气的文学表达上，放在了对和歌汉诗书法绘画修养的提高上。御家流认为，能来参加香会的都是衣食足、知礼节的绅士淑女，无须在香席上规定香客的动作，或纠正香客的举止。并且认为，拥有沉香的人才可真正进入香道界，成为香道

---

① 其祖三条西实隆是正二位、内大臣，雅号逍遥院。

的玩友。目前，鉴于沉香的奇缺昂贵，御家流不主动推广香道，不刻意扩大香道人口，御家流目前大约有 5000 名会员。在御家流的香会上，往往不惜使用顶级的沉香、莳绘漆器的豪华香具，香主香客们也衣着讲究精致。御家流香道在日本香道的代表性地位是不可撼动的。

受三条西实隆的栽培和传授，由志野宗信开始发展的志野流香道把御家流推崇为自己的本家。因志野宗信本身是一名武士，故志野流逐渐地把香道当作了武士修身的一个契机。在 500 年的发展过程中，志野流香道形成了丰富的礼法流规。志野流提倡使用朴拙的桑木道具，禁止初级入门者使用名贵的沉香，重视点香礼法的递进式训练，要求入门前三年只能练习埋炭理灰。志野流的点香式种类较多，并开发了志野袋之香道具，发明了绳花结系法。志野流比较积极地开展教学普及活动，教室气氛严谨有序，目前大约有 15000 名会员。

香室滥觞弄清亭

——香室与壁龛的装饰规则

香道发生于室町时代。室町时代因应仁之乱（1466—1467）而出现了社会的大动荡。香道与茶道、花道均在此期间孕育而成。在三代将军足利义满（1368—1394 在位）时期，武家的会所里，茶花香的文化活动是在同一空间进行的。但是到了第八代将军足利义政（1449—1473 在职）时期，茶有茶室，香有香室，香道活动开始在独立的空间里进行了。由足利义政创立的慈照寺（银阁寺）的方丈建筑被称作"东求堂"，其中有专供于茶道活动的空间"同仁斋"，这被称作是日本茶室的滥觞。同样，在慈照寺还有一个专用于香道活动的空间"弄清亭"，这是日本香室的滥觞。

关于香室的建制。香室里一定要有一个"壁龛"，日语称"床之间"，它由神龛、佛龛演变而来。本用来摆放神佛供物，在香道里则通常用于字轴的展示。御家流在壁龛里通常悬挂一些和歌与绘画，志野流则多用禅语。在壁龛的旁边设计有副壁龛的空间，日语称"胁床"。副壁龛部分的地面要低于壁龛的地面，与铺设有榻榻米的部分相同，用于摆放香具。香室中靠近壁龛的部分被称作上座部分，也称上方部分；余下的是香室的下座部分，也称下方部分。弄清亭的面积由 8 张榻榻米和 10 张榻榻米两个空间连接组成，加上壁龛、副壁龛的面积，约有 40 平方米。一张榻榻米的宽度为 95 公分，长度为 190 公分，约 1.8 平方米。据说榻榻米

志野流宗家香室

的尺寸大小的形成与日本人的身材有关。日本俗话说"睡下占一张、坐起占半张"。即如此大小的榻榻米可以满足日本人的坐卧需求。在日本的一般礼法中，榻榻米的边缘线是人不能踩、物不能压的。日本香道的行香礼法也遵循了这一点。香主在行香时只将香具摆放在半张榻榻米之内。其他的部分为主客共用空间。

　　御家流的香室里通常会摆设由莳绘漆器或梧桐原木制成的香具架，称"四季棚"。上面摆设香道具、客人用笔墨纸砚、香会记执笔人用笔墨纸砚。志野流的香室中也摆放一个用桑木制作的香具架，称"志野棚"。此香具架格式由志野宗信制定。在举办香会时，上面通常会摆设运送炭火的炭炉及点香道具，旁边还摆放一个小香案，上设香会记执笔人用的笔墨纸砚。

　　在香室最醒目的位置上，须挂上用于避邪的"诃梨勒"香袋。诃梨勒是一种香料，原产于中国、印度尼西亚、马来西亚，由鉴真和尚带到日本。香袋中盛有多种香料，因其外形采用了诃梨勒果实的形状，所以被称为"诃梨勒"香袋。

香礼

施礼：笺、札、笔、纸、砚

——香客的诸般礼法 [①]

一、受邀出席香会须知。按时赴会，如有特殊事宜须提前告知。当日须戒酒戒烟，不涂香水，不带香囊、檀香扇子，不戴手表、首饰。标准香会的人数为 10 人，香客 8 人，香主 1 人，执笔者 1 人。

二、入席礼法。当香主告知说"炭已点燃"，从首席香客开始依次洗手、漱口，在香室入口外跪下，将礼扇放置膝前，双手下垂触地，向香室略致一礼，然后启动上方脚，由下方脚迈进门槛进入香室。女性用 5 步、男性用 4 步走过一张榻榻米，以此步伐前进至壁龛前跪坐，拜见字轴。之后移步至临时席位（因香主要从壁龛或副壁龛处取下香具）。这时，香主出现在香室门口，跪坐着给香客行礼，香客们同时还礼。香主从副壁龛上的香具架上取下香具托盘。接着，执笔助手出现在香室门口，跪坐着给香客行礼，香客们同时还礼。助手从副壁龛上取下香案。当香主和助手将香具托盘、香案放到规定的位置后，全体香客起立，移位至正式席位。

三、香席礼仪。香客以跪坐为主，当香主发出"请安坐"的口令时，男子可以盘腿坐，女子可以斜坐。香会中不能离席。禁止多余的交谈，放却一切杂念专心闻香。每炉香闻 3 至 5 息后尽

---

① 蜂谷宗由监修、長ゆき编《香道的作法与组香》第 34—45 页，雄山阁，1997 年。

快传给下一位香客，不得要回香炉重闻。当沉香片滑下银叶时，须向香主示意，不得自行处理。出香札后不得反悔。香会中禁止使用扇子。当没有闻出好成绩时不能索要香会记。

四、取砚台礼法。当香主完成灰型制作后，助手将多重砚台送到首席香客的前面。多重砚台的上面放置有水滴和香笺插，首席香客将其挪至自己的右侧，择机使用。当香主把香炉拿到香席垫上时，首席香客行次礼[1]，将多重砚台拿到身体正面的榻榻米内，先将右侧的五个小砚台拿到砚台盒的右侧，放下最底下的一个，将上面的四个放回原处（拿放时注意右手在前，左手在后），接下来用一下水滴，再抽出一个香笺[2]放到小砚台的左上角。将多重砚台传给后一位香客，最后把自己的砚台用右手挪至正中。次客择机向后一位香客行次礼，然后将多重砚台拿到身体的正面，先将左侧的五个小砚台拿到砚台盒的左侧，放下最底下的一个，然后将上面的四个放回原处（拿放时注意左手在前，右手在后），用右手拿起砚台，使砚台横向通过身体与砚台盒的空档[3]，将砚台放置在多重砚台的右侧，接下来用一下水滴，再抽出一个香笺放到小砚台的左上角。将多重砚台传给后一位香客，最后把自己的砚台用右手挪至正中。接下来的香客仿照前两位香客的做法依次取砚台，最后，末客将多重砚台底下的托盘[4]送回给助手。

---

[1] 在香席上，各种活动大都是从首席香客至末席客人依次进行。这时，上一位香客在行动之前需要向下一位客人表示一下，即略致一礼。

[2] 拿香笺时，用左手的后四指压住香笺插，用右手的拇指和食指抽出最上面的一个香笺，用中指按住其他的香笺。

[3] 这样做是为了让自己的砚台不通过多重砚台的上方，表示物与物之礼。

[4] 此托盘还被用于收香笺，也称香笺盘。

菊花莳绘多重砚台盒

五、闻香礼法。香主准备就绪后，向首席香客施一礼，说："请安坐。"首席香客向后一位香客转达"请安坐"。依次转告。当香主出香后，首席香客向后一位客人略致一礼，用右手拿起香炉，放在左手掌，轻轻上举一下[①]，将香炉按逆时针方向转180度，将香炉的一只脚悬空在左手食指的外侧，将左手的拇指搭在香炉沿口的9点处， 用右手盖住香炉，在右手的拇指与食指之间露出一个圆洞，开始闻香。原则上闻3下，最多不能超过5下，吸气时鼻子凑近香炉，吐气时要朝向下座方，根据情况或向自己的右胸下方吐气，以示谦卑的品德。闻香之后将香炉按顺时针方向转回180度，将正面转回，然后放置在后一位香客的砚台盒的侧面，香炉的正面朝向后一位客人，香炉的上下位置与砚台盒的横向中线持平。后一位香客在前一位香客闻香时向自己的后一位香客行

---

① 此动作表示感谢，可以理解为感谢大自然、感谢香主、感谢沉香。

次礼，然后闻香，以此类推。落座在香室拐角处的香客在传递香炉时不必把香炉的方向转回，而是直接用右手拿起香炉，转动手腕，按逆时针调整 45 度，将香炉的正面朝向后一位香客，放置于规定的位置。香主在试香环节里，每出一炉香时都要说出香木片的名称，如"一之香""二之香""三之香"，香客之间也要每每转告。在正式赛香的环节里，香主则只在出第一炉香时说"出香"，其后就省略了。如果在香炉传递过程中出现了拥挤，在观察到后一位客人手里还有香炉时，可以把闻完的香炉暂时放在自己身体的正中偏左，待后一位香客准备好后再传递。

六、写香笺礼法。试香完毕后，从首席香客开始，就可以研墨、润笔、在香笺上写名字了。男子将自己名字中除去姓氏部分中的一个汉字，女子将自己名字中除去姓氏部分中的一个平假名写在香笺表面的下三分之一处。用完后的毛笔要架在砚台盒的右上沿。猜香的答案要写在打开香笺后所见的从右数第三行处，从上至下写成一竖行。"十炷香"的答案较长，有 10 个字。这时要右左交替写成双竖行，俗称"千鸟式"。写完答案后将毛笔归位。如果写错了字，须在错字的右上方点一个点，在错字的右侧写上正确的字。

七、交香笺礼法。由香主的助手将香笺盘送至首席香客身前的榻榻米外侧，首席香客将自己的香笺放在香笺盘的右上角，香笺的折叠部分要探出盘缘①，然后将香笺盘用双手拿到自己与后一位香客之间的榻榻米的缘上，香笺盘的中横线要与砚台盒的中横

---

① 这样放置才能稳当。

香
礼

线持平。接下来，次客将香笺盘拿至自己的正前方、榻榻米的外缘处，将自己的香笺放在首席香客香笺的左侧。之后，将香笺盘传递给后一位客人。以此类推。

八、交砚台礼法。首席香客将砚台放置在自己与次客之间，次客将首席香客的砚台拿起放在自己的砚台上，然后将两个砚台传给后一位香客。以此类推至第五位香客。第六位香客至第十位香客的砚台另摆成一摆。末席香客将两摆砚台暂时横放在自己身体的左侧。当时机成熟，重新将砚台竖过来然后起立，一一还给助手。

九、香会记交接礼法。助手写好香会记之后，将其卷起，把端部内折，起立，送至首席香客前。如果双方都是男士，可以手手传递，如果有一方是女士或双方都是女士，要求助手将香会记放在首席香客身前的榻榻米上。

十、香会记传阅礼法。首席香客收到香会记后，拿起，起立，其他香客也起立，分别移步至临时席位（因香主和助手要将香具放回壁龛或副壁龛处）坐下。首席香客对次客行次礼，然后将香会记略举一下，以示敬意。用左手的拇指打开端部的折叠，在榻榻米上展开，左右手从香会记上边的中间向左右捋一下，按一下左上角和右上角之后，双手扶地拜读香会记，此时要记住得到最高分的香客名字。其后将左右手分别拿住香会记左右两边的中点，边抖边用力向左右抻一下，此时，往往发出声响。经这一个动作之后，香会记板正了起来，于是，首席香客只用右手将香会记传给次客。次客在首席香客拜读香会记时，向后一位香客行次礼，然后用双手拿住香会记的左下端，左手轻轻向左拉，右手将一下香会记的下边至右下角。两手略举香会记，以示敬意，其后，双手扶地，拜读香会记。以此类推。香主在拜读后，将香会记卷起。由助手送至得到最高分的香客前，如果有同分，送给靠前的香客。香主和助手虽参加猜香活动但不参加成绩的排序。得分最高者将香会记暂放在身体的右侧。

十一、退席礼法。香主与助手退席，二人在门口外跪坐，俯身行礼，众香客回礼。其后，首席香客行次礼，退席。以此类推。

十二、香札使用礼法。在十炷香的香会上，如果使用香笺写出答案的话，香客们可以在闻完所有香之后综合考虑判断，写出答案。但这种写答案的方法往往使客人产生心理纠结和烦恼，不利于让客人放下心来享受沉香的美妙。使用香札的话可以多少减少香客的心理问题。一套香札由 10 小盒组成，可供 10 人使用。每盒香札的背面印有不同的花纹，通常有松、梅、樱、菖蒲、柳、牡丹、荻、菊、竹、桐等。每盒的香札共有 12 枚，其正面各印有一、一、一、二、二、二、三、三、三、客、客、客的字样。比如，在十炷香会上，在试香完毕后，正式开始出香。首席香客判断第一炉香是"二"，就拿出写有"二"的香札投入香札筒。香札筒被依次传递后马上收回并由执笔人记录下成绩。也就是说，用投香札来表达判定的方式是不允许后悔的。出香完毕后，香客们依次将小香札盒放进香盘里传回。另外，在香席上，为了便于执笔人准确地记录成绩，往往使用可以折叠的纸盒子"折据"来收集香札。香主往往准备 10 个"折据"，并在"折据"上写有编号。

起坐进退有礼数

——香室内活动的基本姿势 [①]

一、正座的姿势。双腿跪坐。女子跪坐时双手须垂直于身体的两侧，指尖触地。这一姿势源自日本古代女子用手按住宽松的裙摆。男子跪座时须双手轻放在大腿上。

二、起立的姿势。双脚先立起，脚尖着地，撑住体重，然后站起。注意保持上半身的稳定。

三、坐下的姿势。先将处于香室上座方的脚向后撤一步，然后撤另一只脚，双脚并齐后跪坐下。

四、行走的姿势。男子用 4 步纵向走过一张榻榻米，女子用 5 步。须走在榻榻米的中线上，并保持上身的稳定。

五、行走中的转弯方式。以向右转为例，左脚先向前一步，右脚向右移动并与左脚形成 90 度，然后左脚接连向右移动。向左转时为其反向。

六、行走中的向后转方式。先撤回右脚至行进方向的 90 度，然后将左脚并齐；再出右脚至反行进方向，然后接连迈出左脚。

七、减少背脸的转弯方式。有时为了表示对客人的尊重，需要减少背朝客人的时间。以向左转弯为例，左脚先向右转，与右脚形成 90 度，接下来右脚转 180 度，左脚并上，最后右脚向右转，

① 以下 9 项内容编译自蜂谷宗由监修、長ゆき编《香道的作法与组香》第 30—33 页，雄山阁，1997 年。

左脚接连迈出。

八、转身坐定方式。需要转身 180 度坐定时，右脚先向右，与左脚形成 90 度，左脚并齐，然后右脚后撤，与左脚形成 90 度，左脚再并齐，最后坐下。

九、跪坐情况下的上步退步方式。在香会上，有时根据情况要在保持跪坐姿势的基础上，进一步或退一步，一步约 10 公分。这时，要注意辨别香室的上方与下方，确定哪条腿是上方腿，哪条腿是下方腿。女性香主、香客和男性香主在上步时，要双手握拳撑地，先挪下方腿，其后，上方腿并齐；女性香主、香客和男性香主在退步时，要双手握拳撑地，先挪上方腿，其后，下方腿并齐。男性香客在进退时的双手要放在膝上。

十、开关门的方式。障子门：跪坐在障子门正面，右手抓住

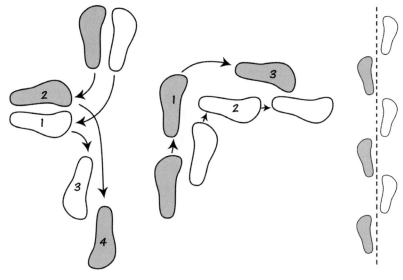

从右至左为向前行走、向右转、向后转的步法

香礼

离地 25 公分左右的木条部分，向左开门 3 公分左右，然后右手扶住障子门的离地 5 公分左右的侧面，用力向左开门；关门时用右手抓住障子门的离地 5 公分左右的侧面，用力关门，最后用左手抵住障子门把手的部分把余下的 3 公分关好。隔扇门：跪坐在隔扇门正面，右手抵住把手部分，向左开门 3 公分左右，然后右手扶住隔扇门的离地 5 公分左右的侧面，用力向左开门；关门时用右手抓住隔扇门的离地 5 公分左右的侧面，用力关门，最后用左手抵住隔扇门把手的部分把余下的 3 公分关好。

十一、进出香室的方式。进出香室时要注意左右脚的先后问题。这时，首先要确认好香室的上方下方，确定好上方脚、下方脚。[①]进香室和退出香室都要以下方脚为先，上方脚为后。

---

① 日本香室以有壁龛的位置为"上方"，以离壁龛近的脚为"上方脚"。

致敬：匙、铗、箸、扫、炉
——香主的诸般礼法 ①

1. 火道具的拿放礼法

①关于香具筒。在点香仪式上，7 个火道具是插在香具筒里的。香具筒是一个高 5 公分的小瓶，有双耳。

②将火道具插进香具筒的顺序。在香筒 3 点处插入灰箸，在 5 点处插入香匙，在 7 点处插入香包串，在 9 点处插入香箸，在 11 点处插入灰扫，在 1 点处插入灰押，最后把银叶铗插在 6 点处。每后一步插进的火道具的前端都须压住前者。

③拔出、插入火道具的方法。先要参照图片确认每个香具的上端、中端、下端的三个位置。

灰箸：拔出时右手先拿住下端，左手拿中端，转动方向，再用右手拿住中下端，轻轻放下，不要使两支灰箸分开。插入时要先右手拿中下端，左手拿中端，转动方向，最后右手拿下端，轻轻插入，此时火箸的脚部要插在香匙的下面。

灰押：拔出时右手拿住上端，转动方向，左手拿中端，再用右手拿住下端，将灰押的正面朝下轻轻放下。插入时先用右手拿住下端，转动方向，左手拿中端，再用右手拿住上端，轻轻插入，此时灰押的脚部要插在灰箸的下面。

---

① 以下 7 项内容参照蜂谷宗由监修、長ゆき编《香道的作法与组香》第 46—75 页，雄山阁，1997 年。

灰扫：拔出时右手拿住上端，转动方向，左手拿中端，再用右手拿住下端，将灰扫的正面朝上轻轻放下。插入时先用右手拿住下端，转动方向，左手拿中端，再用右手拿住上端，轻轻插入，此时灰扫的脚部要插在灰押的下面。

香箸：木制的香箸是在香木片偶尔掉在榻榻米上或香灰上的紧急情况时才使用，所以基本上都被插在香筒里，很少使用。没有拔出插入的礼法。

香包串：拔出时右手拿住上端，转动方向，左手拿中端，再用右手拿住下端，将香包串轻轻放下。插入时先用右手拿住下端，转动方向，左手拿中端，再用右手拿住上端，轻轻插入，此时香包串的脚部要插在香匙的上面。

香匙：拔出时右手拿住上端，转动方向，左手拿住下端，将香匙的正面朝上轻轻放下。插入时先用右手拿住下端，转动方向，左手拿中端，再用右手拿住上端，轻轻插入，此时香匙的脚部要插在灰箸的上面。

银叶铗：用右手的食指套住环底部摘下，转动方向，铗朝左，左手拿住内外环的中间部分，最后右手拿住下端的两侧，轻轻平放。插入时，用右手拿起外环的下端，左手拿住内外环的中间部分，最后用右手的食指套住环底部，轻轻插入。

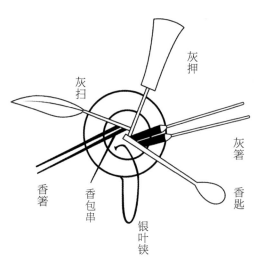

灰押

灰扫

灰箸

香箸

香包串

香匙

银叶铗

火道具在香具筒中的位置图

2. 香炉的拿放礼法

拿香炉的正确方法是拿住香炉的侧面，但在有障碍物时可以从上面拿，此时，除拇指的其他 4 个手指须并紧。如果要操作两个以上的香炉，须注意香主的手的移动路线不得通过任何香炉的上空，当然任何香炉也不能在其他香炉的上空往来。一般来说，靠右的香炉用横拿的方法移动，靠左的香炉用上抓的方式移动，以示对香炉的敬意。如果左右两个香炉都要移动时，先移动右侧的后移动左侧的。在从香具托盘里拿出香炉 A 时要先上抓，其间，男子将香炉放在左手掌上；因为香炉里已经生好了炭火，为避免危险，女子可放在右膝的右侧榻榻米上，然后横拿放在香席垫的 6 区[①] 中央，用同样的方法拿出香炉 B 放在香席垫的 7 区中央。点香仪式完毕，收起香炉时需将如上动作倒着做一遍。

3. 灰型的制作礼法

①备具。先将香炉埋好热炭团，上面轻轻盖上一层灰，将灰箸、灰押、灰扫，依次放在香炉的右侧。

②堆灰山。用右手拿住灰箸，使两只灰箸略分开，从香炉里侧的 6 点处向上拨灰 12 次，同时，左手向逆时针方向转 12 次，将香炉的正面转回。

③压灰山。用右手拿住灰押，保持 45 度的倾斜，轻压灰山的

---

① 因为日本香道的正式点香式往往在榻榻米上进行，所以需要在榻榻米上铺一层布垫的基础上，再铺一个用金银箔装帧的硬纸垫，称为"香席垫"。当精致的香道具放在金色的"香席垫"上的时候，香道具就更加夺人眼球，整个香会便更加隆重起来。打开后的香席垫分有八个区域，从左上横着数，为一、二、三、四区；再从左下横着数，为五、六、七、八区。摆放香具时，各有位置。休息状态的香席垫是八等分叠在一起的。银色的部分朝外，金色的部分朝内。

9点处，之后向右轻拉，以使灰面更平整，共12次。同时左手向逆时针方向转12次，将香炉的正面转回。用过的灰押朝上放。

④清炉壁。用右手拿住灰扫，贴住香炉内壁的6点处，灰扫的端部略触灰山的根部。同时左手向逆时针方向转12次，将香炉的正面转回。用左手配合，将沾在灰扫上的香灰抖在香炉里。然后开始清扫香炉缘上的香灰，从12点扫至8点，从12点扫至4点，从8点扫至4点。用过的灰扫朝上放。

⑤再次压灰山。再次用右手拿住灰押，保持45度的倾斜，轻压灰山的9点处，之后向右轻拉，共12次，此次动作的主要目的是把灰山根部平整好。同时左手向逆时针方向转12次，将香炉的正面转回。用过的灰押朝上放。

⑥做灰筋。右手拿起香炉，将香炉的正面朝向9点处。右手拿起一只灰箸，从9点处开始做灰筋，轻轻下压，共做5组，每组10下。用右手压灰筋时，左手离开香炉，做完一组后，将右手里的灰箸交给左手，用右手将香炉逆时针转动约72度。

⑦做闻香筋。做完灰筋后，在9点处压出一条粗线，即闻香筋。

⑧开火窗。用右手竖拿灰箸，左手抵住右手的腕部，从灰山的顶部向下插，直至触到炭团。

⑨关于灰筋的纹样。香炉中的布局是依据阴阳五行思想规定的：

供神佛的灰筋须6行10筋，

提供给香客用的首个香炉须5行10筋，

提供给香客用的其他香炉须1筋，

供给故人的香炉须4行10筋，

香炉的休息状态是6洞梅花型。

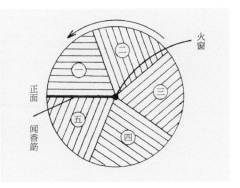

灰筋模式：5 行 10 筋

灰型模式：（一）1 筋；（二）4 行 10 筋；（三）5 行 10 筋；（四）6 洞梅花型

4.香席垫的展开收起礼法

①关于香席垫。香席垫展开收起时的礼法要点是：尽量少触碰香席垫，特别是香席垫的金色部分。

②香席垫的展开礼法。当需要展开时，香主要先用右手拿起右上角，左手接左下角，右手从左下角打开一折，右手拇指朝上拿住下边的折角处，向右拉开。接下来右手绕过香席垫的上方至中上点，向下打开，亮出金色部分，边打开边将右手的食指与拇指的位置调换，当这一动作完成时，令拇指朝上。香席垫的展开动作完毕。

③香席垫的收起礼法。双手拇指朝上拿住左下角，右手轻划

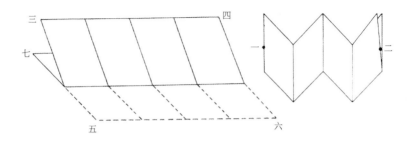

香席垫的展开与收起模式

手至右下角，双手拿起下端向上叠，合上金色部分，边合边将双手的食指与拇指的位置调换，当这一动作完成时，令拇指朝上。右手拿住左下角叠上一折，右手拇指朝下插入折角处，最后全部叠好，边叠边将香席垫的最终位置移动到自己身体的正前方居中位置。收起香席垫的动作完毕。

5. 擦拭方盘、夋香盒、火道具的礼法

为了表达对香木、香具的敬畏，点香人需要在客人面前把已经很干净的香具再擦拭一遍。

①擦拭方盘。女子从左腰间（男子从右腰间）抽出绢巾（女子用红色的，男子用紫色的），三角态势展巾，右手上抬，左手在下，呈竖三角形。右手从上将一下，将绢巾两折后托平，右手将绢巾折四等分，再折八等分，攥在右手心。用双手拿起方盘至身前，从左边竖擦三下后，将方盘放回原处。三角态势展巾，别回腰间。

②擦拭夋香盒。女子从左腰间（男子从右腰间）抽出绢巾（女子用红色的，男子用紫色的），三角态势展巾，右手上抬，左手在下，呈竖三角形。右手从上将一下，将绢巾三折后托平，右手将绢巾

折四等分，再折八等分攥在右手心。用双手拿起夋香盒至身前，先横擦上盖两下，后顺３点处下擦一下，将夋香盒放回。再一次三角态势展巾，别回腰间。

③擦拭火道具。女子从左腰间（男子从右腰间）抽出绢巾（女子用红色的，男子用紫色的），三角态势展巾，右手上抬，左手在下，呈竖三角形。右手从上将一下，将绢巾三折后托平，右手将绢巾折四等分，托在左手掌上。右手拿起银叶铗，用绢巾裹住擦一下；右手拿起香匙，用绢巾裹住擦一下；右手拿起香箸，用绢巾裹住擦一下。再一次三角态势展巾，别回腰间。

6.志野袋的解系礼法

①关于志野袋与方盘点香式。志野袋是志野流创立的一个香道具，用于方盘点香式。方盘点香式是一种简约点香式，加入志野袋便可以省略银叶盒、香渣罐、大香包等。志野袋由绫子和粗丝绳做成，用粗丝绳可系出四季的各种花的形状，以弥补香席上禁止插鲜花的遗憾。志野袋的发明和使用大大丰富了日本香道的艺术层次。

②志野袋的四季绳花礼法。在准备香会时，当志野袋里盛有沉香时，须将志野袋按照季节系成不同的绳花。具体情况是：１月的梅花，２月的樱花，３月的藤花，４月的蜀葵，５月的菖蒲，６月的水莲，７月的牵牛，８月的桔梗，９月的菊花，１０月的红叶，１１月的水仙，１２月的雪下筱竹。当在点香式的进程中把沉香从志野袋拿出，志野袋里是空着的时候，须将志野袋系成三瓣花。在点香式的最后，将用过了的小香包和用过了的银叶片放进志野袋时，须将志野袋系成蝴蝶花。

香礼

③打开志野袋的礼法。这里记述的是，在点香式进行中，香主打开志野袋，拿出银叶包：先用右手将系有梅花绳花的志野袋拿起至左手，右手向前拉 12 点处的花瓣，接着向后拉，直至完全拉开。将绳圈挂在左手小指上，右手的拇指及食指拿住绳头向前拉 3 公分，此时右手的中指须抵住志野袋。接下来用右手的食指和中指夹住志野袋的左缘上方，用右手的拇指和四指夹住志野袋的左缘下方，将左缘展开。再用同样的手势将志野袋的右缘展开。从志野袋中取出银叶包。

④系上志野袋的礼法。接上面的动作，将志野袋系成三瓣花：将丝绳拉紧，左右绳相绕，做成 8 字态势，再做成双绳 8 字态势，右手从上穿过下圆，用右手的拇指和食指拿住上圆的右缘，再用左手的拇指和食指穿过左圆，拿住左圆的右缘，同时用双手的小

志野袋梅花的系法

志野袋三瓣花的系法

指钩住下圆，整理一下，成型。

7. 香会记的书写礼法

①香会记上应包括的内容。香会记是用毛笔蘸墨，从右起笔，竖版，写在宣纸上的，内容极其丰富。从右至左的内容有：

·香木的即席香名及原本的正名（如即席香名为"雪"，原本的正名是"中川"）。[①]

·香会记的题目（如："雪月花香会之记"）

·正确答案（如："月花雪"）

---

① 用于闻香的沉香都是有"原本香名"的，如"岚山""浦风""黄鹤"等。但这些沉香在当日的香席上，根据组香的结构需要，必须去承担某个角色，这样就有了"即席香名"，如"雪""月""花"等。

· 香客的雅号、各自的答案及成绩（如：名为"弘洋"，答案是"月花雪"，成绩是"叶"）

· 组香源起的诗文（如：白居易的"雪月花时最忆君"[①]）

· 举办香会的年月日（如："甲子年四月仲五日"）

· 举办香会的场所（如："开香筵于药师寺"）

· 本次香会沉香的提供者（如："出香 宗香"）

· 本次香会的点香人（如："香主 宗梅"）

· 本次香会的执笔人（如："执笔 宗馨"）

②关于香会记上各项内容的字号。香会记上的字号有大有小，这是为了表达不同内容的不同的重要性所致。用 1 号字写香会记的题目；用 2 号字写组香源起的诗文；用 3 号字写举办香会的年月日、香客的雅号、沉香提供者的名字、各位香客的成绩、各位香客的答案；用 4 号字写香木的即席香名及原本的正名、"出香"二字、本次香会的点香人名、本次香会的执笔人名。

③香会记上各项内容的书写顺序。书写香会记是整个香会中的一个重要内容。为了使香会记的书写与香主收拾香具的动作几乎同时完成，执笔人往往按如下步骤操作：

· 在香客到来之前准备好宣纸，御家流使用红白双色纸，志野流使用单色白纸。

· 根据情况，御家流常常在宣纸上用淡墨画好背景画，如梅、松、菖蒲、兰等。

· 香客入席后，统计各位香客的雅号。

———————————

① 日本的《雪月花组香》是根据白居易的诗《寄殷协律》而演绎的。

·当香主埋炭理灰时，开始研墨，开始写香会记的题号、香客们的雅号、香木的即席香名。

·本香完毕，香笺盘传来后，开始写各位香客的答案。

·如果答案只有一个香名的时候，须先写正确答案，后只标写香客们的正确答案。

·如果答案的香名是复数的时候，须先抄写所有香客们的答案，然后再抄写正确答案。

·打分，写成绩。

·香木原本的正名。

·组香源起的诗文。

·举行香会的年月日、场所。

·出香者的名字，此时全体香客行礼，以表达对出香人的感谢。

·点香人、执笔人的名字。

④香会记的章法。

·题号离宣纸的右沿约4指，离宣纸的上沿3指。

·组香源起的诗文的第一个字应在高于题号一个字的位置。

·香木的即席香名及原本的正名的第一个字应与题号最中间的字对齐。

·如果香木为复数时，第二款香木的第一个字应在第一款香木第二个字的左侧，依次排列。

·香客的名字通常是两个字，如果香客的名字是单字时，应与其他香客名字的上一个字对齐。

·年月日的位置应在低于题号一个字的高度。

·出香人的名字应高于点香人、执笔人的高度。如果点香人、执笔人的名字为单字时，应与下线对齐。

·正确答案与各位香客的答案应对齐。

⑤香会记上的年月日的特别标记法。

月份的雅称标记法如下：

一月：睦月　青阳　芳春　新历　太族

二月：如月　花景　令月　仲春　夹钟

三月：弥生　莺时　暮春　季春　禊月

四月：卯月　纯阳　新夏　朱明　中吕

五月：皋月　端午　盛夏　蕤宾　鹑月

六月：水无月　季夏　林钟　亢阳　鹑火

七月：文月　秋初　新凉　兰月　夷则

八月：叶月　桂月　燕去月　南吕　西颢

九月：长月　玄月　菊月　贯月　无射

十月：神无月　良月　小春　应钟　始水

十一月：霜月　仲冬　黄钟　畅月　辜月

十二月：师走　季冬　涸年　腊月　大吕

日子的雅称标记法如下：

一日：阳日。二日：阴日。三日：润日。四日：初风前。五日：初风日。

六日：初风后。七日：人日。八日：佛日。九日：初雨前。十日：初雨日。

十一日：初雨后。十二日：一国日。十三日：水日。十四日：半所。十五日：半日。

十六日：黑头。十七日：上日。十八日：生松。十九日：月减。

二十日：念日。

二十一日：后元。二十二日：下天。二十三日：下地。二十四日：终风前。二十五日：文日。

二十六日：惠日。二十七日：神来。二十八日：宿日。二十九日：定未。三十日：晦日。

⑥香会记上的诸般细则。

·香会记的题号，如《梅花香之记》《七夕香之记》等，要求题号须是5个字。这是为了尊崇日本自古以来以奇数为上的传统。如果组香名本身是偶数的话，则省略一个字或添加一个字，如《蛙香记》《宇治山香会之记》。

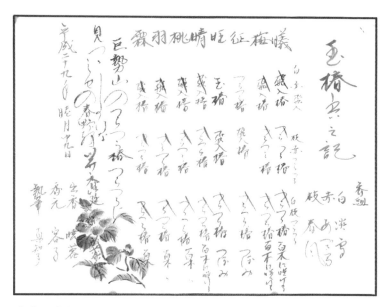

御家流香会记

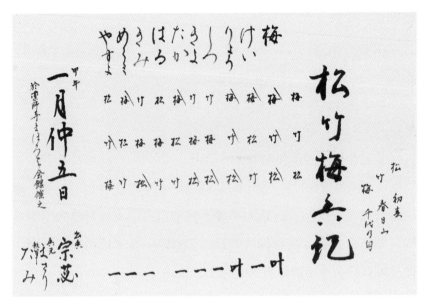

志野流香会记

·香客的名字，为了避免因香客之间身份的过于悬殊而影响香会的和谐气氛，规定所有人不得写出自己的姓，只将去掉了姓的部分的名字写上。

·成绩的记录法，为了不使答错的香客感到难堪，成绩的表述法往往是暧昧的。5 炷香以内的写"叶"。此字在中国古文中读 xié，意思是"完成、实现"，5 炷香以上的写"全""皆"，还有"玉、全、晓雨"等。

·如果在香会记上写错了字，可以用朱墨在错字上点一个点，然后在其右侧写上正确的字。

·如果有的香客晚到了，须在其名字的左下写"后入"二字，字号小。

点香猜香在"游心"

——御家流点香式 [1]

一、在铺有榻榻米的香室的胁床 [2] 下方铺一张布垫，布垫要与榻榻米的直角对齐，但不要盖住榻榻米的直角。

二、在布垫的右侧设有一个香具架，上面放有香具托盘（盘中有诸多香具）、砚台盒、香会记用纸等物。这时，众香客的注意力都在香主身上。香主的态度要庄重有礼，动作要缓慢优雅。这样可以使众香客浮躁的心情沉稳下来，有利于优雅气氛的形成。

三、在布垫的左侧，有执笔人用的文台。

四、香会时间到，香客入席坐定。

五、香主在香室门口跪坐行礼，入席，就坐在布垫前。

六、执笔人在香室门口跪坐行礼，入席，就坐在文台前。

七、香主把折叠状的金银香席垫和绢巾放在身前，跪坐行礼，表示香会正式开始。

八、众香客回礼。整个香会共有5次正式的行礼 [3]，行礼的姿态要规范。但除了规定的5次行礼之外无须过多的行礼，行礼过多的话有敷衍之嫌，反为不敬。

---

① 参考三条西公正《香道：历史与文学》第173页，以《有试十炷香》为例。
② 除了壁龛之外的摆放工艺品的空间。
③ 香主5次正式行礼的时机是：入香室前、入座点香位时、开始点香时、点香完毕时、出香室后。

九、香主将绢巾拿到身体的右侧。

十、将金银香席垫打开，铺在布垫上。若是白天的香会就用金色的一面，若是晚上的香会就用银色的一面。

十一、香主从香具架上取下托盘，放在身体的左侧。再从香具架上取下砚台和香会记用纸，传送给执笔人。

十二、从托盘中依次取出盛有香笺的香笺盘、本香银叶盘、试香银叶盘、銮香盒、香具筒、香炉、大香包，放在规定的位置上。取出香笺盘时须用双手。

十三、香主把香具筒向前挪动一下，折叠绢巾后，擦拭灰箸、灰押、灰扫，放在规定的位置。

十四、此刻，助手将炭炉、炭箸从香厨①中拿出，放在香主的左侧。

十五、香主从香炉中取出温炉用的小炭团（几乎燃尽）放入炭炉，把炭炉中刚刚点燃的大炭团放入香炉。其后，助手将炭炉拿回香厨。

十六、香主理灰，将炭团用灰轻轻埋上，将香炉传送给首席香客，请判定火候。

十七、首席香客与次席香客商量之后，确定火候的良否，并告知香主。

十八、香主遵照首席香客的指示，调整火候并将香炉压出五行的真级灰筋，并用灰扫清理香炉的壁部和沿部。

十九、首席香客要求鉴赏香炉说："请允许我鉴赏您的香炉，

---

① 香厨，指香会的准备间。

观赏您的灰筋。"香主应诺。

二十、香主传送出香炉，接着压第二个香炉的行级灰筋。

二十一、所有香客传看鉴赏真级香炉，最后传回香主处。所有人任何时候都必须用右手拿放香炉。

二十二、首席香客代表全体香客向香主致谢："十分佩服您的功力，灰筋完美至极。"香主回礼。

二十三、香主将灰箸、灰押、灰扫放回香具筒，并从香具筒中拿出银叶铗、香匙、香箸、香包串。

二十四、香主折叠绢巾，拿起贮香盒，轻擦贮香盒，打开盖子，取出银叶片，分别摆放在本香银叶盘、试香银叶盘上。① 如果没有试香银叶盘，就放在试香包上。

二十五、香主把香笺盘（盛有香札或香笺）、多重砚盒传送给首席香客。香客们开始传递小砚台和香笺（或香札）。

二十六、香主将左侧香炉拿到身前，放上银叶片，轻轻压一下。② 香主行礼："请允许我为您点试香。"香主打开试香包，用香箸③ 将香片夹放在银叶片上。④ 自己试闻一下，⑤ 确认香气已发后，传送给首席香客并告知："一之香。"接连出"二之香""三之香"。把空下来的小香包重新叠好放回原处，但须往上放一些，以区别还包有沉香的小香包。香主在做这些动作的同时，放在香

① 因本香银叶盘在上，试香银叶盘在下，所以要从最上一排的菊座，从右往左依次摆上银叶片。这样比较自然。

② 压的目的是使银叶片的位置更加稳固，还可以使炭火的热度更加有效地传导。

③ 放试香时用香箸，放本香时用香匙。

④ 香片的尺寸大约为 3 毫米正方，银叶片的尺寸大约为 15 毫米正方。如果沉香有木纹，需要根据流派的要求放好，或竖纹，或横纹。

⑤ 这时的闻香只限一次，而且时间要短。

香礼

炉上的沉香便会逐渐发香。这样安排是为了让首席香客能闻到稳定的香气。香客闻香的次数为 3 至 5 息，尽量不要长闻，但闻的时间太短也不好，会显得不珍惜沉香，不珍惜香主的劳动。关于闻香的姿态：右手取炉放在左掌，把香炉的正面朝向自己，右手从香炉的 12 点处上来，轻轻地覆盖住香炉的上沿，同时用拇指和食指做成一个圆洞，用于香气的上扬。先用左鼻孔，然后用右鼻孔，最后用双鼻孔，共闻 3 息。其后，把香炉放在自己与下一位香客之间的榻榻米上。

二十七、香主出毕试香后，将试香银叶盘和本香试香盘的位置调换一下。

二十八、香主将香包串插在左膝头旁边，将香炉放在身前，确认好火候，放好银叶片后说："请允许我为您点本香，请安坐①。"

二十九、香客们安坐，拿出自己的小绢巾，将香札一一摆上，把香札盒放在小绢巾的左下角。如果使用香笺，则开始在香笺上写名字。香客们将空下来的香笺盘传回。香主将空下来的香笺盘放入托盘。

三十、香主用香匙从本香包中舀出沉香片，将其放在银叶片上。将空下来的香包纸插在香包串上，自己试闻一下，确认香气已发，将香炉和第一个"折据"②传送给首席香客，大声说："出香。"首席香客闻香后，下传香炉，并将自己的判定香札放入第一个折据，往下传。

---

① 安坐即不拘姿态随意坐。
② 盛放香札的纸盒，可以折叠，共有 10 个，分别写有序号。

三十一、香主接着出第二炉本香，出香的时机要看香客的人数和香炉的数量，要使香炉均匀地在席中传递。

三十二、当香炉传回香主手里时，香主用银叶铗撤下残香，检查火候，或用灰箸再开火窗。接下来放上新的银叶片，接着点香出香。

三十三、当香主把 10 炷本香全部点完后，把香炉放在原初的位置后说："为您准备的本香全部点完了。"顺手将香笺盘递给首席香客。

三十四、从首席香客开始，香客们把剩余的香札放入香笺盘，依次传回。如果使用香笺，则传回香笺。

三十五、香主问众香客："请问是否需要复闻？"[1] 如果有要求，则满足其要求。香主将两个香炉收进托盘，将香箸、香匙放进香具筒并放回托盘。接下来，打开夌香盒，将残香、用过的银叶片放入夌香盒并放回托盘。随手将银叶铗放回香具筒。

三十六、将本香银叶盘、试香银叶盘放回托盘。

三十七、从折据中拿出香客们放入的香札，按照座位顺序，摆在金银香席垫上（或省略此环节，由执笔人勘记）。

三十八、执笔人在香会记上书写答案，要求香主发表正确答案。

三十九、香主拨起香包串，打开折叠隐藏着的正确答案，一一唱念。

四十、执笔人边听边给众香客用红笔打分记成绩。完成后，执笔人将香会记交给香主。关于《有试十炷香》的成绩的计算方

---

[1] 因为每款香片所需火候不一，往往因香气不稳定而影响客人的判定。御家流特别重视火候与发香的问题，所以规定香客有权利提出复闻某款香。

香礼

147

御家流香会场景

法：如果猜中的是"一之香""二之香""三之香"，因为难度小，则记1分，但如果只有一个人猜对则记3分。如果猜中的是"客之香"，因为难度大，则记2分；如果只有一个人猜对则记5分。

四十一、香主在确认香会记无误之后，把香会记传交给首席香客。香客们传看香会记。

四十二、香会记再次传回香主手里，香主将香会记赠送给当席取得最好成绩的香客。

四十三、最后，香主叠好金银香席垫说"香满了"，宣布香会结束。退席。

埋炭理灰为"修身"

——志野流点香式 ①

　　一、众香客洗手漱口后入席就座。香主拿好宣纸、砚台跪坐在香室外，拉开门。主客行礼。

　　二、香主步入香室，将宣纸、砚台放在首席香客的身前。

　　三、香主请求首席香客兼任香会记的执笔人，首席香客回应。香主撤回香厨。

　　四、香主手捧四方盘再次入席，在点香席位跪下，放下四方盘，回香厨。

　　五、香主手捧炭炉和炭箸第三次入席，进门后转身跪坐，关上香室门，在点香席跪坐。把炭炉和炭箸放在身体的右侧。

　　六、香主身体转回正中将四方盘拿起向前移动后放下。

　　七、香主把香炉从盘中取出，放在身前。

　　八、香主身体向右转 45 度，拿起炭炉和炭箸，身体回正中。

　　九、香主将炭炉放在四方盘的右下角的外区，用炭箸把香炉的灰平整后开炭洞。首席香客开始研墨。

　　十、香主把炭炉拿近香炉，打开炭炉盖，将炭炉里已经燃烧着的炭团夹起放进香炉。

　　十一、香主用炭箸在炭炉里留下的炭洞上，从左到右划三次，

---

① 参考峰谷宗由监修、長ゆき编《香道的作法与组香》第 136 页，雄山阁，1997 年，以四方盘点香式为例。此点香式属于简约省略式。

将炭洞填平，盖上炭炉盖。

十二、香主身体向右转45度，将炭炉和炭箸送回身右的位置，身体回正中。首席香客从一叠宣纸中抽出最中间的一张，把宣纸上下折半，[①] 在宣纸上写题号、众香客名字、即席香名。

十三、香主从盘中取出香帙，上、下、左打开，放在盘右。

十四、香主从香帙中拿出灰箸、灰押、灰扫。完成理灰式。

十五、香主清手，看火候，把香炉挪至身体的右侧。

十六、香主收起灰押、灰扫。再拿出香匙、银叶铗。

十七、香主拿起志野袋，放至盘左。

十八、香主从和服腰带抽出绢巾，在右侧抻两下抖掉秽气，用右手抬高呈竖三角，用左手将绢巾折成二等分，用右手再折成四等分，用左手再折成八等分。

十九、香主右手心拿住绢巾，将盘拿近。

二十、香主把四方盘从左向右竖擦三次，将盘放回原处。

二十一、香主拿起志野袋，捧在左手，拉开绳。

二十二、香主松开志野袋的左侧绳，松开志野袋的右侧绳。

二十三、香主从志野袋中拿出小香包放在盘中，从包中拿出银叶包放在香帙上。

二十四、香主将志野袋袋绳结成三瓣花，放回原位。

二十五、香主拿起试香包，放在四方盘的上排，拿起本香包，放在四方盘的下排。

二十六、香主打开银叶包，将银叶片一一摆在各个香包上。

---

① 折半的宣纸比较坚挺，可以拿在手上直接书写文字，此乃"小香会记"。

叠好银叶包，放回原处。

二十七、香主将香炉拿到身前。

二十八、香主清一下手指，探一下火候。

二十九、香主膝退，行礼，表示正式开始点香，众香客回礼。

三十、香主膝进，开始点试香，接着点本香。众香客闻香，记住香气的特征。

三十一、香主把空下来的本香包反放在四方盘上，用灰押压住。

三十二、香主将试香的残香放在试香包上，把本香的残香放在香帙上。

三十三、香主出香完毕。首席香客闻完最后一炉香后，开始在香笺上写上自己的名字、自己的答案，然后把砚台和香笺下传，把剩余的宣纸留在自己的身右。众香客依次写香笺。香主进入收拾环节，将香炉放在身右。

三十四、香主拿开灰押，将本香包右翻过来，两折，交给首席香客，首席香客接下。香主将灰押收回香帙。

三十五、香主打开银叶包，收起银叶片。

三十六、香主把银叶包、试香包收进志野袋，系成蝴蝶结。

三十七、香主把志野袋放回盘中。将火道具收进香帙，把香帙收进四方盘。

三十八、香主身体右转，把香炉中的炭团夹回炭炉中。

三十九、香主身体转回正面，把香炉放进四方盘。

四十、香主把四方盘挪回原位，膝退，行礼，表示点香完毕。众香客回礼。

四十一、香主填写自己的香笺，连同砚台盒交给首席香客。

首席香客接过后，开始抄写众香客的答案。

四十二、香主将炭炉、炭箸拿起，起立，送回香厨。首席香客将众香客用过的香笺放进砚台盒，并盖上盖子，把剩余的宣纸压在砚台盒的底部，把小香会记放在自己的身右。

四十三、香主将四方盘拿起，起立，送回香厨。首席香客将砚台盒放在点香位。

四十四、香主回到香室，跪坐在点香位，向首席香客致谢。首席香客回礼。

四十五、首席香客拿起小香会记阅览，然后传给次席香客。转至香主手里，香主阅览小香会记。香主将小香会记放在砚台盒上。

四十六、香主拿起砚台盒，起立，走出香室，回身跪坐在门口，全体行礼。从首席香客开始逐一起立，走出香室。香会结束。

志野流香会场景

由于御家流产生于贵族阶层，志野流产生于武士阶层，二者在数百年的发展过程中就演绎出了不同的礼法，可以举出以下几点不同：

一、御家流香席上的首席香客坐在香主的右手位，香炉按逆时针方向转；志野流香席上的首席香客坐在香主的左手位，香炉按顺时针方向转。

二、御家流在闻香时要求把香炉的正面朝向自己；志野流要求把香炉的正面朝向对面。

三、御家流闻香时，要求用左手的全手掌托住香炉；志野流要求把左手的拇指搭在香炉9点处的炉沿上。

四、御家流用于香会记的白色宣纸下要求再垫一张红纸（现在演化为一张纸，但四周有红边）；志野流只用一张白纸。

五、御家流主要用平面的灰押；志野流多用皱面的灰押。

六、御家流多使用食香盒；志野流多使用志野袋。

七、御家流把青瓷香炉设定为标准香炉；志野流把画有孟子图案的青花香炉设定为标准香炉。

八、御家流多使用莳绘漆器的香具；志野流多使用桑木香具。

九、御家流的香具筒是六角形的外撇直筒式；志野流的香具筒是投壶的形状。

十、御家流在教学现场也多用高档沉香；志野流禁止初入门的学生使用高档沉香。

源自日本文化的组香三种

1《菖蒲香》——源自源赖政选妻的故事

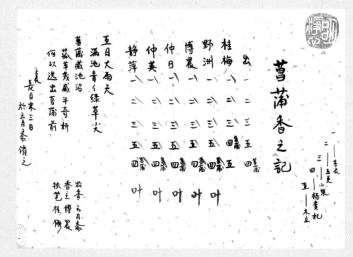

菖蒲香会记

1. 准备及试闻

准备"四 菖蒲"的试香包（在小香包的表面写好香名）1个。

准备"四 菖蒲"的本香包（将小香包纸的右上折叠盖住香名）1个。

准备"一""二""三""五"的本香包4个。

试闻1炉香。

2. 正式出香猜香

将5个本香包打乱，进入猜香。香主出香。请香客写出答案。

要求香客猜出"四 菖蒲"的确切出香位置。

将其他香根据先后标写为"一""二""三""五"，将5个汉字序号排成竖行对齐，将"菖蒲"二字注写在"四"的右侧。

答对的成绩写"叶"。香会记上抄写源赖政的和歌。

3. 组香出典

日本平安时代的著名将领源赖政（1104—1180）在一次重要的仪式上从远处看到了鸟羽太上皇（1103—1156）身边的一位美妾菖蒲前，从此，源赖政为之美貌倾倒而不能自拔。但情书送出后没有回音。源赖政虽知是犯上之罪，但仍不停地发出情书，长达三年之久。此事传到鸟羽太上皇耳边，太上皇把菖蒲前叫来想问个清楚，但菖蒲前只是涨红着脸不做回答。于是，太上皇找来与菖蒲前相貌极其相似的四位美女，让她们穿上同样的衣服站成一排，请来源赖政并对他说，若从五位中选对菖蒲前，就将菖蒲前赐给你。源赖政起初只是远远看了一眼，根本没看清菖蒲前细部的容貌。如果猜错了，岂不留下天大的笑话。于是，他作和歌一首如下：

> 五月大雨天，
> 满池青青绿草尖。
> 菖蒲藏池沼，
> 菰草茂盛斗奇妍（菰草，浅水生植物，即茭白，嫩芽刚出水时与菖蒲相似），
> 何以选出菖蒲前？

鸟羽太上皇听后，被源赖政的痴心与诗才感动。最后将菖蒲前赐给了源赖政。

4. 组香鉴赏

选择香气近似的 5 种沉香，可以加大组香的难度。在难以抉择之中体味源赖政的煎熬之心。

2《源氏香》——源自《源氏物语》的故事

源氏香会记

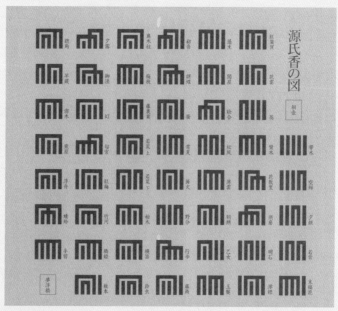

源氏香图

1. 准备及试闻

准备名为"一""二""三""四""五"的香包各 5 个,无试闻。

将 25 个香包打乱后抽出 5 个,进入猜香。

2. 正式出香猜香

开始出香。请香客写出答案。

要求香客猜出 5 炉香是否有同样的。

从右向左画竖线。如果 5 炉香都是独立的,则写 5 条独立的竖线;如果 5 炉香恰巧是同一种香,则将竖线的上端全部连在一起;或根据情况画连线。

在答案的下方须标出《源氏物语》相应的卷名,并重温该卷的故事情节。

全猜对的客人成绩为"玉",因为小说中把光源氏比喻为像玉一样的贵公子。

香会记上的主题句为:一缕芬积越千年。

3. 组香出典

公元 1008 年,日本诞生了世界上最早的一部长篇小说《源氏物语》。其中记述了贵公子光源氏与众多女性之间的情感生活,展示了日本平安时代贵族生活的绚丽画面。《源氏物语》共 54 卷。用 5 条竖线连法可以拼出 52 种图案,这与《源氏物语》的卷数大致相同（去掉最前、最后卷）。源氏香即是根据上述故事而创作的组香。

4. 组香鉴赏

在享受沉香的美妙香气之余联想古代贵族的高雅生活场景，实在是锦上添花之趣。

《源氏香》是香道与文学结合的一个典范。

3《六种香》——源自平安贵族的香丸制作

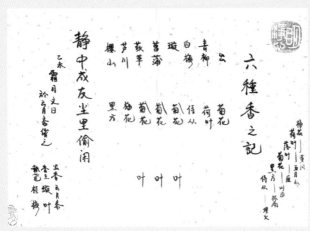

六种香会记

1. 准备及试闻

准备"梅花香""荷叶香""侍从香""菊花香""落叶香""黑方香"的试香包（将小香包纸的表面写好香名）各 1 包。

准备"梅花香""荷叶香""侍从香""菊花香""落叶香""黑方香"的本香包（将小香包纸右上角折叠盖住香名）各 1 包。

试闻 6 炉香。

2. 正式出香猜香

香主将 6 个本香包打乱顺序，放弃 5 包，出 1 炉香。或可出 6 炉香。

请香客在记纸上标写出香名。或标写出香的顺序。

答对的，成绩写"叶"。香会记上的主题句为：静中成友，尘里偷闲。

3. 组香出典

在日本的平安时代，贵族们参照中国的香方，利用海外传来的珍贵香料制作香丸，并把这些香丸称为"炼香"，把熏烧香丸之事称为"空熏"。"六大香丸"是其代表：

梅花香丸：春季用香。模拟梅花之香。

荷叶香丸：夏季用香。模拟莲花之香。

落叶香丸：秋季用香。演绎落叶满地、芒草摇曳之气息。

菊花香丸：秋季用香。演绎满地盛开之菊香。

黑方香丸：冬季用香。能引起难忘回忆之悠远味道。

侍从香丸：冬季用香。能引起怀古之心的古朴味道。

平安香丸比唐宋香丸更重视与自然环境、四季风物的融合，更多用沉香、檀香、贝甲香等纯正的高级香料而较少使用中草药。这是因为平安贵族缺少养生理念，用香只为愉悦情绪，这也与日本难以得到纯正中草药有很大关系。

4. 组香鉴赏

在享受沉香的美妙香气之余认知日本古代用香的历史，令人思绪古今，感慨良多。

香具

熏笼熏枕晨夕伴——自古至今的空熏用香具

物微位贵精于器——确立于 18 世纪的闻香用香具

莳绘嫁妆尽奢华——江户时代的陪嫁香具

日常香具家必备——历史绘画中的香具

作为日本香文化的重要载体，日本香具有着丰富样式、多种功能，负载着精湛的工艺、美丽的图纹。从功能上来说，日本香具分为空熏用和闻香用的两大类。空熏用的香具可以从 7 世纪记述到今天，但闻香用的香具仅可上溯至 16 世纪。虽然闻香用的香具起步晚，但由于闻香活动内容的丰富性，使之形成了一个多器型、多功能的香具体系。从材料上来看，日本香具包含有金、银、铜、铁、锡、漆、瓷、木、竹、布等多种材料，其制作工艺堪称是日本手工技艺的极致表达。从收藏上来说，由于日本古代较少有政治变动及战争，加之香文化的高端地位，香具尺寸小、不占地等原因，日本香具的积累量很多。

熏笼熏枕晨夕伴
——自古至今的空熏用香具

众所周知，日本最早的熏香具是随着中国香文化的东渡而从中国传去的。例如，现今仍被收藏于奈良东大寺正仓院里的银熏球、长柄香炉、香囊、白石火舍，被收藏于法隆寺的长柄香炉等。在本书的第一章"香史"中，已经对其进行了较详细的记述，在这里不再赘述。本节主要探讨于日本制作的空熏用香具。

○**空熏用香炉**

日本自 754 年鉴真大和尚将蜜制合香法传至日本之后直到今天，其香丸的制作与使用之事就从没有中断过。用蜂蜜做黏合剂，将各种香药、香料粉糅合一体的香丸一旦受热便会产生强烈的香气。其香气易附着在衣物、墙壁上，留香效果极佳。急用时往往将大量香丸用手碾碎撒在热灰上，可使整个佛殿充满香气。相比之下，品闻沉香的香道活动只是一种室内游戏，其留香效果不可期待。常见香炉外侧用木胎刷漆制成，内胆用锡铜材

鸟笼平纹熏香炉（13 世纪），六瓣瓜楞状，上有鸟笼纹，笼内有数只小鸟，高 6.7 公分，直径 8.5 公分。

香具

衔松鹤莳绘熏炉熏笼（19世纪），
高 29 公分，底部是熏炉，上部是
熏笼。上插有调香用的火箸、火匙。

梅钵纹莳绘熏笼（19世纪）示意图，
可以折叠，高 50 公分，内设熏炉。

料，上设金铜笼盖以防火事。

○空熏用熏笼

由于日本古代贵族所穿的绫罗绸衣不易于洗涤，用香薰来消毒就成为日常的必须。其方法是将上述的香炉放在熏笼里，再将衣物搭在熏笼上。

○合香用具

中国古代的合香（香丸）是药丸的一种形态。内服的药丸与熏烧的香丸共同护佑着中华民族的健康。合香传到日本以后，获得了与中国不同的发展模式。由于与中医药发源地的风土不同、气候不同、饮食结构不同，日本没能全盘地接受中国的医药学说。又加之日本缺少中药方中所必需的中药材，用于内服的中药丸在

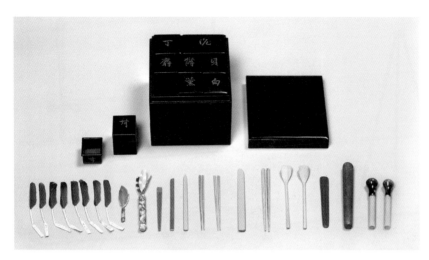

黑漆香丸制作盒（18世纪），总高7.2公分。箱内装有香料小盒子，其中有沉香、丁香、贝甲香、郁金香、白檀、薰陆、甘松。还装有捣药用的杵、研磨药用的乳棒、搅拌香药用的勺子、扫香粉用的羽帚等。

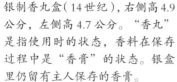

银制香丸盒（14世纪），右侧高4.9公分，左侧高4.7公分。"香丸"是指使用时的状态，香料在保存过程中是"香膏"的状态。银盒里仍留有主人保存的香膏。

德川美术馆藏，初音莳绘香丸罐（1639年），高9.8公分，盛装香丸的容器。罐体为银制，施有龟甲葵花纹。盖为象牙制，上覆盖龙纹锦。罐托为莳绘，写有《源氏物语》"初音"卷中的名句，镶嵌有珊瑚。

香具

松鶴亀甲花菱纹莳绘吊香炉（19世纪），
高15.1公分。此吊香炉仿照蹴鞠球的外
形，中间可分开，外部画有松鶴亀甲花
纹，有3个外环系有3根丝绳，分别下
坠白紫坠饰，内部施金箔，内部的火碗
已经遗失或本来就没有制作火碗。

左侧为冰裂纹梅花透空吊香炉（19世纪），高
14.4公分。金铜材质，主要部分用铁丝缠绕制
成。冰裂纹地，装饰有几朵梅花，上下的穿绳
部位装饰有菊花。梅花与菊花代表着春季与秋
季，意味着此吊香炉适于通年使用。内设可以
保持平衡的三重火碗，另有紫色丝绳吊装。右
侧是如意纹七宝烧吊香炉（19世纪），香碗直
径9.1公分。此吊香炉很独特，它只设计了香
碗的部分，这样更便于调火添香时的操作。外
部设有框架，有紫色丝绳吊装。上施有多种吉
祥如意花纹。

日本没能得到普及。而香药丸的制作与使用却在日本贵族群体中得以发扬传承。

○吊香炉

吊香炉，也可以称之为可移动香炉、可旋转香炉。其炉内有被三层金属圈控制的火碗。此类香炉于唐代传到日本后，引起了日本人的极大兴趣。至今留下了不少使用银、锡材质的仿制品。其中，用漆工来制作吊香炉不能不说是日本人首开先河。一般来说，漆材料易燃，不适合用来做香炉。但也许这类香炉制作初衷就仅仅是为了装饰。

○熏香枕、香臂搁、香阅读台

珍贵的沉香来之不易，如何最有效地利用沉香是日本古代贵族们的用心之处。因日本古代贵族的服饰为敞襟大袖，故与之相搭配的发型也就定型为长披发。长披发不易洗，必须经常用香来消毒，于是，熏香枕就成为了必备。再者，日本古代的家居模式

德川美术馆藏，折枝菊莳绘熏枕（19世纪），高12.1公分。熏香枕的侧面有模拟源氏香图案的镂空纹样，用以香气的流通。使用时内置香炉，不使用时内收香具。图片中有3个内藏香盒。熏香枕外侧画有折枝菊花。

香具

兰莳绘香臂搁（18世纪），高
25.8公分，纵15.2公分，宽24
公分。椭圆形的上板镶嵌着红色
的布垫，开口仿木瓜形，中间设
置有香炉。通体画有兰花，叶脉
等处施金银线。

花鸟密陀绘秋草莳绘香阅读台（16世纪）
是一个专供读书时熏香的实用家具。高
71.3公分，宽58.3公分，进深33.7公分。
此具分上下两层，上板设有木瓜形大火
舍，火舍内可以放灰、炭、香。从上板
起两支柱，架起阅读板。底板的空间可
放书籍文具。整个阅读台的各处画有松、
枫、芦苇、白鹭、秋草、菊花。

是席地坐卧，臂搁是必需物件。在臂搁里放置香炉，就可以使香
气终日环绕在主人的周围。读书时容易疲倦，在阅读台上设熏炉，
让甜美的沉香气味增益思考力。夜用熏香枕，昼用香臂搁、香阅
读台，恐怕是最奢侈的贵族范儿了。

　　以上，可见日本古代贵族生活用香的真实情况。用熏笼熏衣、
用熏香枕熏发、用香臂搁熏身、用香阅读台伴读，真乃香不离身。
《薰集类抄》中所描绘的贵族们亲力亲为制作香丸的景象也通过
以上制香小道具得到了证实。这些香道具是研究日本香道历史极
其重要的佐证材料。

物微位贵精于器

——确立于 18 世纪的闻香用香具

这里的"闻香"指把香炉拿近鼻子品闻的活动。此种"闻香"形成于日本，所以闻香用的香具也在日本逐渐形成。可以使用于闻香的香木品级必须在伽罗（奇楠）以上。放在银叶片上的伽罗非常细小，被戏称为"马尾蚊足"。如何对待这些"物微位贵"的伽罗，就产生了相对精巧的香具。

目前使用的 7 个调香用的香具：灰箸、香匙、银叶铗、香包串、香箸、灰扫、灰押是在长期的香道实践中总结确定的。如香匙是为了舀取极小的香木屑而出现的，香包串是为了固定香包纸而出现的等等。

○香具架

香具架是香席上必不可少的，也是香室里常备的摆设。有莳绘的、桑木的、桐木的，分三层或四层，高约 75 公分。上面摆饰着几乎所有的闻香具。当香客光临时，香主要当着众人的面，从香具架上将香具一一取下，香会结束时还要将香具一一放回。其中伴随着种种仪轨。

○灰箸、香匙、银叶铗、香包串、香箸、灰扫、灰押

这 7 件是日本香道的基础香具，俗称 7 个火道具，形成于 18 世纪。

1. 灰箸。上半用黑檀、桑、玳瑁等制成，下半用铜、锡铜合金、银等制成。用来拨灰，长约 18 公分。灰箸有别于通体用金属制成

扇散莳绘香具架（18世纪），高 40.8 公分，宽 45.5 公分，进深 25.5 公分。
设计有 3 个小抽屉，上绘有折扇各种开合状态的图案。折扇最初是祈神的神器，
后演变成吉祥图案。

的炭箸。用炭箸可以夹烧红了的炭，而灰箸只能拨灰。

2. 香匙。长约 14 公分，上半用锡铜合金、金银等制成，下半
用玳瑁、象牙、黑檀、桑木等制成，用于舀特别细小的沉香片。
最初只允许老人小孩使用，后来成为 7 个火道具之一。有的端部
呈菊花、梅花形状。

3. 银叶铗。长约 10 公分，金属材质，根据流派及使用场合有
各种曲线模式。志野流的银叶铗上有明显的曲线，可利用曲线的
张力将银叶铗固定在投壶形的香具筒上。御家流的银叶铗呈舒缓
的弧线，可将银叶铗任意地插入直筒型的香具筒。

4.香包串。长约 12 公分，用来固定香包纸，一般是金属制，最初是竹制的。香包纸是用来包香片的，有折角，折角上写有答案。为了猜香游戏的公平，香包纸需一张一张地按顺序插在香包串上，不得搞错。

5.香箸。由黑檀、花梨等硬木制成，截面呈方形，下端部极细，用来夹沉香片，长约 18 公分。在御家流的香席上，点试香时用香箸，点本香时用香匙。

6.灰扫。理灰时用于扫掉闻香炉沿和炉壁上的灰。柄部由玳瑁、紫檀、桑木、象牙等材料制成，端部用羽毛制成，长约 12 公分。

7.灰押。由银、红铜等材料制成，长约 13 公分，用于把闻香炉里的灰押平整。古时有各种形状。今御家流用笏板形的，志野流用折扇形的。灰押的正面有平面的、直沟槽面的、蛇形沟槽面的，分场合使用。

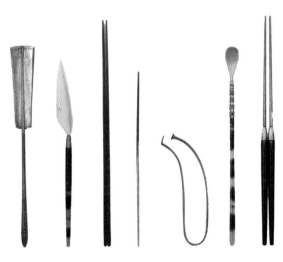

7 个火道具，从右至左分别是灰箸、香匙、银叶铗、香包串、香箸、灰扫、灰押。

银叶片

银叶包

○银叶片、银叶包

银叶即云母，是一种能隔热的矿石。中国古代的香人就已开始使用，后传到日本。银叶片约2公分正方，切角，镶银边或锡边。在点香式上，银叶片被包在银叶包里。银叶包的内侧贴有金箔或银箔。白天的香会用金箔的，夜晚的香会用银箔的。

○重香盒

重香盒即多层香盒的意思。有两层的、三层的、四层的。上层装香包，中层装银叶片，下层装用过的银叶片和香渣。重香盒一般是方形的、圆形的，也有异形的，如流传到海外，被收藏于

桐纹唐草莳绘重香盒（18—19世纪），共3层，内外刷黑漆，第3层的内壁贴有金铜片。盖部画有梧桐叶，器身画有唐草连枝纹。御家流在点香式上经常用重香盒，但志野流为了表达谦卑和朴素在初级点香式上很少用重香盒，而是用银叶包、香渣罐、志野袋等分别代替重香盒的功能。

凡尔赛宫的笈形重香盒。因重香盒的最下层需要放入热银叶片和热香渣，所以，最下层的内壁是用金、银、锡等金属材料制成的。

○闻香炉

闻香炉是香道具里最重要的香具，也是日本闻香道形成的重要标志。日本闻香炉器型的形成过程充满了历史故事。如前所述，日本香文化起步于对中国香文化、特别是中国佛堂熏香的承接。日本开始闻香活动的初期仍使用来自中国模式的香炉（铜狮子炉、铜鸭炉）或使用空熏炉（漆胎内设金属胆，上有金属网盖，闻香时摘下）。铜香炉很烫手，而空熏炉比较大，单手托不住。后经反复实践筛选，定型在了直筒形三足瓷炉。此形制也是从诸多的宋代香炉中选择出来的。直筒炉没有回烟的部分（上部向内拢的话可以使炉内的香烟旋转后冒出炉口，以便赏烟形），可使微弱珍贵的沉香气味直达闻香人的面部。三足有利于隔热，以免烫坏榻榻米。日本人模仿的最基础的中国香炉是青瓷直筒旋纹香炉。直筒旋纹香炉的器型摹本是古代妇女盛装化妆品的多重小盒。

御家流崇尚的青瓷直筒闻香炉，下有三足，炉高9公分。使用时以单足为正面。每当御家流举办新年香会、百炷香会时都会使用这种青瓷炉。御家流的灰筋分有真、行、草、略四个等级，分别在不同的场合使用。

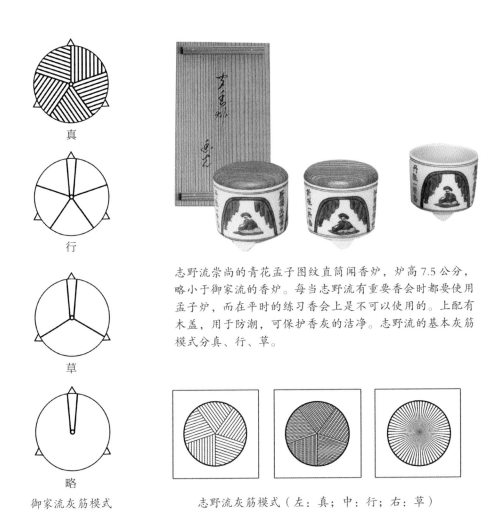

真

行

草

略

御家流灰筋模式

志野流崇尚的青花孟子图纹直筒闻香炉，炉高 7.5 公分，略小于御家流的香炉。每当志野流有重要香会时都要使用孟子炉，而在平时的练习香会上是不可以使用的。上配有木盖，用于防潮，可保护香灰的洁净。志野流的基本灰筋模式分真、行、草。

志野流灰筋模式（左：真；中：行；右：草）

○香具筒、香渣罐

香具筒是用于盛装七个火道具的，高约 7 公分。由金银铜锡瓷等材质制成，有多种外形。香渣罐呈苹果形，上下可开合，志野流专用。

○沉香盒、切香具

沉香收藏盒有木制或漆制的，用于盛放珍贵的沉香材。一般

志野流香具筒、香渣罐、银叶盒。志野流多用上部细下部圆的香具筒，其原型来自中国古代的投壶。志野流的 7 个火道具在香具筒中的插入规则是：（从器口的 9 点处顺时针插入）灰箸、香匙、银叶镊、香包串、香箸、灰扫、灰押。图左侧是香渣罐，高约 3 公分，用于盛装点过的沉香渣。图右侧是银叶盒，志野流多用此器。

秋草莳绘沉香收藏盒（16 世纪）

御家流香具筒(17—18世纪)，六角形，一说其原型来自寺院的灯笼。御家流的 7 个火道具在香具筒中的插入规则是：（从器口的 9 点处顺时针插入）香箸、香匙、银叶镊、灰箸、灰押、灰扫、香包串。

贝合莳绘切香道具（17—18 世纪），切香道具有木制或漆制的，内盛有 6 个切香道具：锯、剃刀、削刀、凿、槌、墩。切香的过程十分隆重，有时需要在香席上当着众香客切香，因此，切香道具也十分考究。

有几层抽屉，上锁。保存沉香的包装材料以竹纸为好。抽屉的内侧往往贴有竹纸。切香具的种类丰富、功能齐全、工艺精美。

○竞香盘

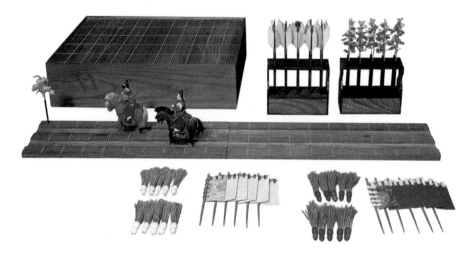

4种竞香盘（17—18世纪），可以完成《竞马香》《源平香》《名所香》《矢数香》4个香会。图中左上的木盘高9公分，长36.3公分，宽27.3公分。使用这些小道具来表达猜香成绩的进展情况，可以增加游戏的紧张感。

吴越香盘（17—18世纪），身着红、黑色铠甲的骑马人偶分别站立在香盘的两端，人偶各持枪、偃月刀、弓、指挥棒、麾等物件。在猜香游戏中，输了的一方要下马、交出武器。木盘约38公分见方。

○志野袋

相比起源于贵族修养文化的御家流香道，源于武士修炼文化的志野流香道趋于简素。由此，志野流香道里有很多专为修炼身心而设计的点香式。由于香道具高昂珍贵，普通人难以拥有，志野流的宗师们便创意了一些简单的香具，志野袋就是其中之一。

12个月的志野袋。志野袋里可以装进云母包和小香包，这样就可以省去重香盒和总包。志野袋上配有长长的丝绳，宗师们利用丝绳创意出了符合12个月的12种绳花（从右至左竖列看图）。如：一月梅、二月樱、三月藤、四月葵、五月菖蒲、六月莲、七月牵牛、八月桔梗、九月菊、十月红叶、十一月水仙、十二月雪下筱竹。

香具

○香札、银叶盘、香札筒

香札，用于香客发表答案。香札往往由紫檀、黑檀、象牙、竹等材料制成，一般呈长方形，长 2.7 公分，宽 1.2 公分。12 枚为一套，每套被装进一个小盒子里，10 套是一组，可提供给 10 位客人使用。香札的背面画有不同的花卉纹样，如梅、柳、松、枫、菖蒲、水仙、牵牛、葵、荻、椿等。这些花卉纹样往往成为了使用该香札的香客的代称。香札的正面写有"一""二""三""客"。根据组香的主题不同，还有非长方形的香札，如桔梗花形的、罐子形的、棋子形的等等。香札盒的上盖就是银叶盘。御家流的银叶盘是豪华的莳绘漆器。有本香盘、试香盘两种。本香盘上可放 10 或 12 个银叶片，试香盘一般可放五六个银叶片。志野流的银叶盘只有 1 个，用桑木制成，可盛放 10 个银叶片。

香札、银叶盘

香札筒，用于香客投放香札。往往
由紫檀、桑木、莳绘漆器等制成，
上有投放口，口沿镶金银，中部可
以开合，高约9公分。在香席上，
香札筒往往随香炉被传递，香客们
要当机立断地投出香札。

　　相比起本文上一节所述的熏香具来说，本节所述的闻香具更
多具有日本的独创器型。这是因为闻香活动之事本身原创于日本。
日本古代香人根据闻香活动的实际需要逐步地创建了以上香道具。
比如银叶铗，开始时人们用手来拿银叶，但银叶片有时候很烫，
根本拿不起来，于是香人们就设计制作了银叶铗。最初时有各种
各样的形制，后逐渐筛选出了当今的样式。木制香箸的出现是为
了更精准地夹住珍贵的沉香渣，竞马盘的出现是为了吸引妇女儿
童参与香会，香札的诞生是为了让一场一场的闻香会衔接得更紧
凑……从以上类型丰富的闻香道具中可以看出日本香道400年形
成发展的轨迹。

莳绘嫁妆尽奢华

——江户时代的陪嫁香具 [①]

　　虽然日本闻香的历史可以上溯至 15 世纪，但较完整的闻香具的出现是在 17 世纪。特别是在江户时代四民制建立、参觐交代制度实施、政治稳定以后，随着香道文化的隆盛，至 17 世纪 30 年代前后，闻香具的质和量都达到了历史的最高点。其中最受瞩目的是大名女儿们陪嫁中的香具。

　　那一时期，日本有 200 多个大名（相当于诸侯），分割经营着各自的一方土地。虽然在德川将军强大的政治高压下，各个大名统辖的土地面积不能生变，但在经济文化实力方面依然存在着激烈的竞争，政治婚姻被看作是提升软实力的重要契机。寝具、衣装、家具、生活杂品、茶道具、花道具、香道具等嫁妆上往往印有女方的家纹，是展示女方实力的重要载体。流传至今的完整的陪嫁香具主要有四组：

　　·制作于 1620 年的后水尾天皇的中宫和子的陪嫁香具

　　·制作于 1633 年的加贺藩第四代光高夫人的陪嫁香具

　　·制作于 1639 年的尾张藩第二代光友夫人的陪嫁香具

　　·制作于 1649 年的一条教辅夫人辉姬的陪嫁香具

　　以上香具的制作年代很接近，都是由御用莳绘漆器作家幸阿

---

① 　此节重点参照小池富雄《香道具的展开》，载于《香道具——典雅与精致》第 192 页，2005 年，淡交社。

弥长重（1599—1651）制作。这印证了 17 世纪前半叶德川幕府强大的经济实力和莳绘漆器工艺的隆盛。那么，陪嫁用的香具都应有什么物件呢？刊行于 1793 年的嫁妆清单《婚礼道具诸器型寸法书》给了我们一些提示：

·御家流 10 种香盒（闻香炉 2、香札筒 2、炭炉 2、香渣罐、竞香盘、重香盒、香匙、香箸、炭箸、灰箸、灰押、银叶铗、香包串、灰扫）

·志野流香具盒（切香小刀、炭箸、灰箸、香箸、灰押、香包串、香匙、银叶铗、灰扫）

·沉香收藏盒（内装名为桐壶、红叶贺、箒木、花宴、绘合、葵的伽罗）

·切香道具（大锯、小锯、剁刀、削刀、大凿子、小凿子、木槌、金属槌）

·熏香枕（内有香炉 2 个）

·挂香炉、挂香牌

·合香罐子、熏香炉、熏香炉底座

……

光友夫人是江户时代第三代将军德川家光（日本最高实权者）的长女，于 1639 年嫁给了尾张藩主。那一时期正值德川幕府的最强盛期，其嫁妆整体奢华至极。香道具作为贵族文化的最高体现，在制作工艺上可称是日本漆器的最高经典，空前绝后。这套香具也被称作"初音香具"，这是由于整套香具的花纹表现了《源氏物语·初音卷》的故事主题。

初音莳绘香具架（17世纪），香具架整体施有梨皮撒金，上画有莳绘山水花卉，多处点缀圆形的德川家的家纹——葵花。从香具架的上层看，可见旅行携带用香具盒、炭炉、沉香收藏盒、合香罐子、大文盒①、短册盒②、砚台盒③。

---

① 可能是用来盛装香札的。
② 香会上往往要即席作歌，"短册"是书写和歌用的细长的宣纸，纵约40公分，宽约7公分。
③ 供香席上的执笔人使用。

初音莳绘沉香收藏盒（17世纪），用于盛装珍贵的沉香材，高10.9公分，长14公分，宽11.9公分。内装6个沉香小盒，分别装有6款不同的沉香。日本香道里有"不是伽罗不上炉"的内规，所以说，虽然叫"沉香盒"，但里面装的都是"伽罗"。

初音莳绘熏香枕（17世纪），用于熏发，内有抽屉可抽出，使用时放入香炉。熏香枕高12.1公分，长23公分，宽19.6公分，上面和侧面有镂空，利于香气流出。古时日本女性的发型为长披散发，不易清洗。经常用香气熏发可以消毒去味。

图左侧是初音莳绘携带用香具盒(17世纪)，用于在旅途中点香用。高16.9公分，宽26.9公分，长20.9公分。图的右上方是一个香盘，内盛带盖闻香炉、重香盒。图的右下方有炭炉、枣形香盒、香渣罐、银制镀金银叶铗。

香具

图的左侧是初音莳绘宇治香札盒（17世纪），高15公分。右上方是香渣盒的表面纹饰（放大）。中间是专为《宇治香》而制作的香札。共有10套，每套有6枚香札（因为《宇治香》只闻6炉本香），可供10位香客使用。香札为桔梗花形状。

　　本节图片是"初音香具"的一部分，均藏于德川美术馆。此外，还有初音莳绘薰物壶（含台）、初音莳绘香盆饰、古今香箱、名所香箱、花月香箱、十种香箱、纯金葵纹山水图香盆饰、纯金葵纹唐草纹香渣罐、纯金花鸟图香盆饰等。这些香具的制作工艺精湛无比，其中包括漆工艺、金属工艺、木工艺、布工艺。特别是莳绘漆工艺，采用了撒金粉、贴金片、贴银片、贴螺钿、反复打磨等繁复的工艺，堪称世界绝无仅有。这些香具至今仍是日本工艺品的最高示范作品。

日常香具家必备

——历史绘画中的香具

作为一种嗅觉的艺术，历史上燃过的千炉香气已经散尽，令今人无法得到确切的体味。虽然留下了许多香具，但也无法确认它们真实的使用方式。在这里，绘有香文化内容的历史画卷为我们提供了厘清香文化史实的方便。通过收集整理可以发现，绝大部分与香有关的历史绘画都诞生在江户时代。即使是对 1008 年写成的《源氏物语》中的香事描写画作也是出于 17 世纪以后的画家之手。由此可见，江户时代是日本香道集大成的时代，是日本香道艺术的巅峰时期。

《源氏物语·梅枝卷》是大和绘著名作家土佐光则（1583—1638）的作品。描绘了光源氏府邸里赛香会的情景。画面的右侧画有两个香丸罐子。画面上有三个人物，靠近香丸罐子的那一位是光源氏，光源氏对面坐着萤宫，一个男童正在院子里折梅枝。两个琉璃罐子一蓝一白。蓝色的琉璃罐里装有"黑方香丸"（香剂、香团块），上插松枝；白色的琉璃罐里装有"梅花香丸"，上插梅枝。

香丸罐子这一香具在日本传袭至今。虽然用香丸熏衣熏发的活动已经消失了，但在日本茶道里仍使用香丸。茶道的长盛不衰支撑了日本香丸的生产延续。至今，在各个日本香铺里仍能看见香丸。

《源氏物语·梅枝卷》（17 世纪）

装有香丸的罐子（近年松荣堂仿制）

松荣堂商品香丸

《源氏绘色纸帖·真木柱》是著名大和绘作家土佐光则的父亲土佐光吉（1539—1613）的作品。画面中描绘了《源氏物语》（1008）真木柱卷中的一个情节。画面中女人手持一个熏炉，熏炉里盛有炭团、热灰、香丸。对面的男子是女人的丈夫——髯黑大将。夫妻二人已经养育了三个儿女，但髯黑大将竟迷恋上了准备进宫的玉蔓姑娘。夫人为此精神失常。这一日的夜晚，髯黑大将又准备去玉蔓处幽会，夫人不得已，为丈夫熏衣，让熏炉穿过丈夫的袖子（那时日本婚姻制是走婚制，贵族男子通常都有几位情人）。等丈夫穿戴好时，天却下起了雪，夫妻二人不得不卧倒小憩等待雪停。此刻，夫人实在按捺不住心中的怒火，突然起身，将盛满香灰的熏炉拿起，直接将香灰倒在了髯黑大将的脸上和身上。髯黑大将不禁一怔，呆若木鸡。还留有余热的香灰粉撒入了髯黑大将的眼睛及鼻孔，弄得他晕头转向，看不清四周情形。他两手乱舞，欲将香灰掸去，可全身都是，总也掸不干净。身边的侍女们看出女主人是因为被丈夫遗弃而鬼魂附体，失去了本性，都非常同情夫人。大家忙作一团，忙帮男主人换衣服，然而不少香灰渗进髯发丛中，清理不出来。

从这一生动的情节描写可以得知，在 11 世纪，用熏炉熏烧香丸（即空熏）是日常的用香模式。为了增加效果，有时还把熏炉塞进宽大的袖子里，从左袖塞进，通过前胸，再从右袖拿出。一个女人能用倒香灰的方式表达对负心郎的愤怒，看来情绪已经到达顶点了。《源氏物语》作者紫式部的笔法的确不凡。

从画面上来看，女子手中托着的熏炉是白瓷的，但流传至今的熏炉多是木胎莳绘漆器（内镶金属胆）的。这可能是因为此画

香具

《源氏绘色纸帖·真木柱》

現今京都松荣堂香铺的印香产品，印香被做成了春粉、夏绿、秋黄、冬紫的各种颜色。使用时先点燃炭块，将炭块埋入灰中（露出一部分），待灰热后将印香放在热灰表面。为了让香气更好地发散，当今的熏炉设计成了撇口式，经济且实用。不能不说，它是日本古代熏香的延续。

的绘制是在 17 世纪，画家对 10 至 11 世纪的香事不熟悉，或者是在 11 世纪《源氏物语》的时代曾多用瓷熏炉，但因为易损而没有被保存下来。日本在 15 世纪以后大兴闻香，但其实熏香也同时被承接着。如今，"客来点香"与"客来敬茶""客来插花"同样成为了日本人待客的礼仪之一。用于空熏的香品可以是香木、香丸、印香（用多种香粉混合后入模成块，不放蜂蜜）。

《游女闻香图》是浮世绘美人画作家宫川长春（1682—1752）的作品。画面中的一个游女（妓女）放荡不羁地坐在棋盘上，身着华丽和服，腰带系在身前。脚下置有一个已经点燃的香炉，香炉下有炉托。从香炉里冒出香烟，香烟上升通过游女的身体，从游女的胸部流出，最后上升至画面的顶端。画面的右下角有一香具盒，盒内有重香盒、香渣罐、银叶铗、沉香片。香具盒的旁边放置有志野袋、香盒。

另一幅《游女闻香图》的作者是宫川长龟。画中的游女手托熏炉，在认真地熏身。脚前有香盘、香盒、志野袋。从这两幅图中都画有志野袋的情况来看，志野袋在 18 世纪就已经受到了人们的追捧。

《游女闻香图》（宫川长春）

《游女闻香图》（宫川长龟）

香具

187

　　《邸内焚香图》，作者不详，按一般推测是江户时代初期宽永年间（1622—1644）的作品。画面中靠前的一组人物正在熏发。只见一个男人抱腿而坐，一个女人右手拉着男人的长发，左手托着一个香炉。香炉的下方有一个香盘，香盘的旁边有一块白纸，推测是包裹沉香用的。在画面的左侧，一个男人正惬意地靠着柱子，右手捧着闻香炉，左手拢着香气在闻香。在画面的上方，一个身穿黑色衣服的男人正用左手托着一个闻香炉，右手拿着火箸在拨灰。地面上摆放着五个红色香具盒。

《邸内焚香图》（17世纪）

《美人组香图》，此画作被鉴定为江户时代宽永年间的作品。画面中有七个女人围坐在一起，中间摆放有闻香炉、竞香盘。从右边数第三个女人的手里捧着一个闻香炉，右手似乎在拢着香气。左侧靠前的一个女人的面前摆放着香具筒、香席垫，香具筒里插着灰押、探火插，她应该是香主。左侧的第三个女人手持毛笔在写字，她是香席中的执笔者。整幅画里充满着浓烈的香会气息，每个参加者看起来都兴致饱满。由此画可见，日本闻香具至此已经形成较完整的体系。

《美人组香图》

香会体验记 ①

  日本泉山御流香道每年有 10 次左右的大型香会。2015 年 7 月 19 日我们一行 15 人参加了三都香会。所谓"三都"是指香客来自京都、大阪、奈良三地，需每年在三地各举办一次。2015 年泉山御流的第二次三都香会在京都东山泉涌寺的下寺——新善光寺举行。

  新善光寺建于 1243 年，因其供奉的本尊全铜阿弥陀如来立像是仿自信浓（今长野县）善光寺的本尊而铸，因此得名。又因为 13 世纪正是日本净土思想的繁荣时代，美丽的阿弥陀如来立像赢得了众多信徒的归依，人们赋予该寺"来迎堂新善光寺"的爱称。

---

① 本小节图片由日本香道泉山御流拍摄。

　　走进新善光寺，的确感受到了她如西方净土般的美丽。垂枝樱花树下一尊
六角石灯笼在绿色的青苔地毯上静静矗立，四方石造水井上方悬挂着锈色的辘
轳，石制洗手钵里盛满了清水。几块自然石、几片竹篱笆散落在茂密的绿植中，
让景致有了节奏并增添了与观赏者的亲和度。深棕色的木构伽蓝不高不矮、端
丽得体。有几位泉山御流的老香客已经到了。本来是只有绿色植被和深棕色佛
殿的静谧风景在几位香客艳丽和服的调配下甚是赏心悦目。我们也急忙穿上白
袜一起等待 10 点的到来。

　　玄关的门打开了。只见一块写有"圆"字的矮屏风展现在眼前，屏风前摆
放有祇园前祭的花车小模型，个个精致玲珑，看来今天香会的主题恐怕就是祇
园祭了。接待前厅的右侧有接待桌，只见老香客们一一跪坐下，把小礼扇放在
膝前，行礼后递上邀请函和参会的礼金。我们也尽力仿效着完成这些动作。同
时，每人得到一份当天的组香说明卡——《祇园五明香》。随后我们移步至等
候室。这是一个大约 15 平方米三面施有袄绘（绘在日式拉门上的画）的房间。
我们在榻榻米上席地而坐，若宗匠西际重誉走进来与我们交谈。在这位中国历
史学者的眼里，似乎日本文化的每一处都有中国的印记。他先以提问的方式引
导我们观察三幅袄绘的内容，然后指着灵芝、蝙蝠、仙鹤的图案点破其画的主题：
福、禄、寿，一下子让我们产生了梦回古代中国的幻觉。

　　盛夏的京都很是闷热，这座古建筑中没有空调，一些人开始擦汗。但当我们走入香会会场时，那一幕让人惊呆了。这是一个 30 平方米、呈长方形的铺满榻榻米的和室，房间的一侧完全敞开，隔着木板长廊与白绿相间的枯山水庭院相接，庭院白色砂石的明亮反照进香室墙上的泥金袄绘，组成了一幅绚丽的图画。在香室的中间，摆放有两个木盆。盆中分别置有高约 40 公分的冰山，冰山上下有几枝青枫在雾气中飘动。再看壁龛，在一幅水墨山水画的背景前，摆放着由几根孟宗竹笋和一些白布组成的艺术摆件，竹笋下堆放着一层干冰，干冰冒出清凉的雾气。虽然尚搞不清这些装饰的文化主题，但这些摆设的确让我们的身心凉爽了许多。在壁龛的左侧有工字格空间，上部展示着新善光寺的寺宝——龙盖香炉，下部摆放有祇园后祭的花车小模型。我们与身着和服的众香客们相间坐在红色的毡毯上，等待香会开始。

　　此次香会的主题是祇园祭。京都祇园祭可上溯至 9 世纪，是京都最重要的传统民俗节日。有 33 台花车分前后两批展示巡游，由此有了前祇园祭（7 月 14—17 日）和后祇园祭（7 月 21—24 日）之分。其原本的寓意是让民众接近游动的神佛、接受神佛的祝福以免除病疫。33 台花车里的 22 台都是高 5 米左右的有故事情景展示的花车，被称之为"山"花车。比如有"孟宗山"，其故事来自中国的二十四孝。花车上再现了大孝子孟宗在大雪封山的季节为病重的老母掘笋的情景。因为 2015 年打头巡游的花车就是"孟宗山"，所以当天西际重誉先生就创意摆置了"雪地孟宗"的造型。除了"山"之外，还有 19 台高 10 米以上、顶部装饰有长矛的"鉾"花车。如"鸡鉾"，其故事来自中国的三皇五帝时代。传说在舜执政时，天下太平，本应用来诉讼的大鼓因常年不用成了鸡窝。花车后部挂毯上就描写了这个主题。另还有 2 台比较矮小的"伞"

花车，乐手们不是坐在车上而是在地面上边走边演奏。作为日本传统艺术的重要组成部分，香道把季节风物、岁时引入香会的主题是再自然不过的事情了。

今天我们要闻的组香《祇园五明香》就反映了京都祇园祭花车的构成情况。无试香，共6炉本香。其中有3炉一样的香即是"山"，2炉一样的香即是"鉾"，独立的1炉香即是"伞"。

香会开始了。香主在点香位上铺好一张绸垫，上面放有一个圆盘，盘中摆有香炉（内有点燃了的炭）、御香包（内有银叶包、银叶片、小香包、沉香片）、香具筒（内有灰箸、香匙、银叶铗、香包串、香箸、灰扫、灰押）。身着白色和服的香主跪坐下来行俯身礼之后开始点香。只见她双手拿起御香包，解开长绳花结，郑重地拿出小香包，将其顺序打乱，将银叶片置于香炉的火窗上。其后进入了最神圣的时间。将小香包打开，用香匙小心地取出沉香片。就在香客们个个屏住呼吸享受静谧与紧张之时，香主忽然把香包纸果敢利落地扔了下来。这让点香式更增加了关注度。据说这一动作是泉山御流特有的动作，意思是告知香客：香包里的沉香全部用上了，没有保留。这一动作更凸显了沉香的珍贵程度。

香炉依次传来。只见我身边的菊山老师将香炉轻轻举起表示对大自然的感谢，然后将香炉逆时针转两次，避开香炉的正面开始闻香，三息之后将香炉递给了我。美妙的甜美的香气顿时充满了我的鼻腔、五官，沁入我的心肺乃至全身每一个毛孔。瞬时间，似乎一切都平静了，都疏解了，都放下了。昨日航路的劳顿、今晨集合学生的忧烦、收取香会费的杂乱、处于中国与日本文化差异之间的焦虑……都算了！算了！来得值。忘却了俗事的我开始尽情地品味这沉香盛宴。

香具

　　由于切割沉香的部位与大小的不同，沉香燃烧状态的不同，香客习香经历的不同，要准确地区分判断香气是很难的，靠运气的成分更大。由此日本香会并不重视猜香的成绩，而重在享受整个氛围和过程。但香客们还是很认真地记录下出香的顺序，交出答案。所有答案被抄写在一张香会记上。上面写有组香名称、香客名字、成绩、正确答案、举办地点和日期、出香人名字、点香人名字和香会记执笔人名字。排在最前的猜对的香客将获得香会记。当天的得主是泉山御流的香道师范启香老师。

　　按日本香会的规制，闻香完毕后要有简单的茶会。当天的和果子是由三条若狭屋点心铺制作的"稚儿饼"，盛果子的容器是一片筱竹叶。和果子的外表是软糯的年糕，里面裹有甜咸味的京都大酱，甚是合口好吃。特别是在和果子的味道尚留在口中时再喝入香喷喷又略带点苦涩的抹茶，那真是绝妙的好味道。再看到身着美丽和服的女士恭敬的奉茶点的举止，更被这唯美的一切陶醉了。

　　香会结束了，我们迟迟不忍离去。直到参加下一场香会的香客们等待进入香室，我们一行才与若宗匠西际重誉先生告别。其后，我们在新善光寺的庭院里徜徉了许久。

香书

秘诀私授笔记多——香道传书的概说

香道形态定于此——《香道秘传书》的摘译解说

二百组香集大成——《香道兰之园》的摘译解说

秘诀私授笔记多

——香道传书的概说 [①]

香文化自中国传到日本后，在奈良时代重点用于佛堂供香，在平安时代重点用于室内熏香，这些在史书和文学作品里都可见记述。日本的第一本有关香文化的专著出现在平安末期（10世纪），即记述了空熏活动的《薰集类抄》。其后写于14世纪的《后伏见院宸翰薰物方》、写于15世纪上半叶的《后小松院御薰物法》等都是对空熏活动的补充记述。

历史进入15世纪后，闻香活动逐步展开，相关的零散记述逐渐增多。其中有《建武记》《萨戒记》《康富记》《荫凉轩日录》《看闻御记》《亲长卿记》《御汤殿上日记》《实隆公记》等。上述文献的大部分是皇族贵族们的日记，可知类似"十炷香会"的闻香活动已经深入到了他们的日常生活。

至16世纪，闻香、组香活动的规模有所扩大，参与的人员也有所增多。人们在闻香活动实践中逐步总结出了一些技法、规范、共识。由于闻香活动是一个极其私密的个体行为，往往由香人亲授。在传授过程中逐渐形成了一些笔记，这些笔记又被多次传抄、增补。所以，有关香道的书，往往被称为"香道传书"，这点明了其形成的历史特征。这一时期的重要香道传书有丰原统秋的《体源抄》，

---

① 这一部分重点参照了神保博行《香道的传书》，载于《香与香道》第227页，雄山阁，1993年。

三条西实隆的《雪月花集》，志野宗信的《志野宗信之笔记》《宗信名香合记》，荣松尼的《荣松香之记》，志野宗温的《参雨齐香之记》，建部隆胜的《隆胜香之记》和蜂谷宗悟的《香道规范》等。这些传书都属于手抄本，并没有印刷刊行。

17 世纪以后，日本的出版业迎来繁盛，香道的传书也相继付梓。被印刷刊行的日本香道传书有着一些共同的特点：首先，香书的内容都是闻香活动的实践积累，对香木、香具、香会等的描述十分细致入微；其二，香书的结构往往由多个香道大家的笔记组成，前后没有逻辑性；其三，香书内容的重复性高。如果对 17至 18 世纪印刷刊行的日本香书按照刊行的前后顺序叙述的话，可以举出如下四部最重要的香书：

《香道秘传书》

《香道兰之园》

《香会余谈》

《香道规范》

此外，还有《香道千秋代》《香道轩之玉水》《校正十炷香之记》《名香部分集》《香道贱家梅》《浪花春》《偷闲记闻》《香炉图说品汇》《香道宿之梅》《春曙》《香道麓之里》《香道袖之橘》《香道真传》《香式武藏野》《御家流香道百个条口传》《御家流要道略集》《米川流组香》等。

香道形态定于此

——《香道秘传书》的摘译解说[1]

目前能见到的最早的香道书是刊行于 1669 年的《香道秘传书》。此书曾被广泛阅读。1676 年,其第一本注释书《香道秘传书抄》(米川助之进编)问世。1739 年,其第二本注释书《改正香道秘传》(大枝流芳编)问世。

1799 年《香道秘传书集注》(关芳卿编)问世。《香道秘传书集注》将此前多种香道书的精华归集一处,将所有内容分割为 247 个项目逐条解析并写入了作者的新观点,大大充实丰富了日本香道的艺术形态。《香道秘传书集注》共分《仁之卷》《义之卷》《礼之卷》《智之卷》四卷。其中 247 项内容的文字原创者和年代如下:

001—087:志野宗信(写于 1501 年)

088:志野省巴(写于 1558 年)

089—188:建部隆胜(写于 1573 年)

189—227:作者不详

228—233:志野宗信(写于 1574 年)[2]

234—235:志野宗温、志野省巴(写于 1574 年)

236—245:作者不详

---

[1] 这一节重点参照了堀口悟《香道秘传书集注的世界》,笠间书院,2009 年。
[2] 标注的写作年代有严重错误,1574 年可能是抄写年代。

246：岌翁斋宗入（写于 1573 年）

247：翠竹庵道三（写于 1575 年）

《仁之卷》（志野宗信笔记、香合式）的主要内容：

○如何参加续炷香会。香会的主办者应提前告知香客此次香会的主题，香客们应有备而来。参加者须携带数款香片出席，包括四季香、恋香、杂香。就像连歌会上的"接句"一样，前面的香客点燃名为"高天"的香片的话，后面的香客就要接着点燃"祥云"之类称号的香片。前者出"打盹"，后者接"初醒"；"早蕨"接"花筵"；"菖蒲"接"青梅"；"月"接"红叶贺"；"寒梅"接"霜夜"等等。在表达季节感的时候要提早而不能过后。要恰到好处地用香片的雅号连接成一道风景。但在接续时，前后两款香名的意境应保持一定的距离，保持有含蓄的诗性。（001）

○接香如同接诗。如果是即兴的香会，香客们没有准备，香名的诗意不能相续也是可以理解的。但是如果在偶然中创造出了绝配的诗意该是多么令人兴奋的事啊。这才是资深香人平日里磨炼自己，要追求的境界。（002）

○香名的分类。香名分为这样几个大类：四季香、恋香、杂香、名所香。（003）

○要珍重上等香。在闻上等好香的时候，特别是有十大名香出场的时候，不能一下子连续尝闻多款上等香。最多闻两炉之后就要掺几炉杂香，以镇静一下嗅觉。以免发生对上等香之间的优劣评判。那样，是对上等香的不敬。（004）

○一块香片可以闻多遍。在香会上，召集人应该首先点香，其后，来客参与点香。如果参会的人数少，每炉香都应闻两遍。

即从香主传炉至末客后，再反传回香主。参会人超过 10 人，则只闻一遍。但如果出场的香片的后调很足，即使是 10 人以上也可以传闻两遍。（005）

○闻香时禁忌"霸炉"。"霸炉"即长时间闻香、不肯放炉的行为。这样有碍于他人，尤其有碍于末客。闻香时态度要谦虚谨慎，既不能长时间霸炉，也不能对已知的、熟悉的香片草率应付，这些都是不可以的。一炷香会①上，闻 5 至 7 息，组香会上，闻 3 息。（006）

○端香炉的姿势，最忌前倾。这可能造成银叶片、香片从灰山上滑落的事故。曾经就有一个教训：一位香人有一片已经点了 9 次的著名的"兰奢待"（本可以点 10 次），当他拿出来给大家闻第十次时，因为有人拿香炉的动作不对，珍贵的"兰奢待"滑进了灰堆，太可惜了。（007）

○闻香礼仪。闻香时绝对不能大喘气，大息大呼都是被严格禁止的。更不能用手自行拨弄银叶上的香片。（008）

○香木不是私有物。如果在香会上别人夸奖了自己的香木片，没有必要谦虚。因为香木片本身是大自然的产物，是公共的财物，不属于个人。当别人问及该香的由来的时候，应原原本本地回答。（009）

○香席上的忌讳。在闻香会上，不可有空熏香和挂香。（011）

○灰山也是欣赏的焦点。在香会上，如果是由贵人或香道宗匠押出的灰山，须在放置银叶片之前，香客们传炉拜看欣赏。如

---

① 所谓一炷香会，是指在一次香会上只闻一炉顶级的伽罗。

果是一般人押出的灰山则不必，可在捧炉闻香时一并观看欣赏。（013）

○香木面前人人平等。在公共财物沉香面前，人是相互平等的。即使是有贵人出席的香会，一般人也须入席围坐，依次传炉闻香。而不用客气地待在缘侧（和室的窗外走廊）。（014）

○香席礼仪。闻香席上禁用扇子。如果不得不用时，要说明理由。（015）

○香木片的尺寸。必须珍惜香会上用的香木片，不能切大块。切得过大是野蛮无修养的行为。组香用的香木片尺寸是两分正方、厚半分；空熏用的香木片尺寸是四分正方、厚三分。名香的尺寸是细如马尾、三分，又一说如同蚊脚。当然，根据香客人数的多少，可以调节香片的大小。（016）

○如何清理银叶片。对于银叶（或是金属的银板）上留下的沉香油脂，有人用火烧的办法来清除，这是错误的。要在油脂积攒得还不多的时候，用小刀去除。有一说用热水浸泡去除。香道的早期都是用金属的银板做隔火器。（017）

○银叶铗的始末。在早期的香道里，没有银叶铗这个香具。人们用灰箸或者直接用手来放置银叶。（018）

○银叶片的尺寸。关于银叶的尺寸，九分(27毫米)正方、四角去一分角（4个角分别裁去一个边长3毫米的等腰直角三角形）。又一说，要看香炉尺寸的具体情况，可在八分正方或一寸二分正方之间。（019）

○关于残香。在香会上，对于撤下来的、尚有余香的残香片，一说应该马上放在一起再次上炉。当然，残香炉要放在香室的角

落里或香厨里。一说，不能再次让残香片发香，以影响尚在进行的香会。（020）

○关于香的出场顺序。如果在香会上设计赏闻《龙涎香》《春日野》（含有沉香、丁香、白檀、薰陆、甘松、焰硝）等合香的环节，应该安排在香席的最后。（021）

○特殊香品的闻香注意事项。在赏闻《春日野》时要十分小心，因为内有焰硝，可能有火星飞溅。总之，在赏闻合香时，拿香炉的位置在肚脐附近为好。（022）

○如何处置发烫的香炉。有时候，因炉内的炭火过于猛烈，闻香炉的壁部和底部都变得很烫。此时，可以用一洁净器皿，盛一些冷水至香炉的三分之一高，浸泡一下。有一说，解决此问题的方法：可以把炭火拿出一部分、把灰山堆得高一些、香炉下垫上香巾传递。香巾来自茶家的茶巾，尺寸相同。紫色为上，也有黄、草绿、橙红色的。（025）

○鸭型香炉的使用。在庆祝乔迁之喜的香会上，应该使用鸭型炉。如果在香会刚开始时，主人方没有使用鸭型香炉，客人方也可以主动提出："如果您家有鸭型香炉的话，请拿出来使用一下吧。"鸭为水鸟，水可防火灾。当然，此时使用鸳鸯等形状的香炉也是可以的。（026）

○关于名贵香炉的使用方法。有一些名贵香炉是不可以直接放在榻榻米上的，须特别对待。要把香炉放置在漆盘上。在移动或传递香炉时，必须用右手扶住香炉。（027）

○贵人与庶人不同。贵人闻香时，须将香炉和香炉下部的漆盘同时端起，左手托香盘，右手扶香炉。庶人则不可。如果贵人

庶人在同一席上闻香，当香炉传至贵人前，贵人拿起漆盘托着香炉来闻香；当香炉传至庶人时，庶人只拿起香炉闻香。（028）

○传炉的方式各有不同。早先，给贵人递香炉时应将香炉放在漆盘上端起送出，贵人从香炉的上方用五指抓住香炉接过；给一般人递香炉时应先将香炉放在左手掌上，用右手扶住香炉的外壁递出，接者先将左手放在递者左手的下边，然后用右手小心接过香炉并立即放在左手掌上；贵人给小辈递香炉时可用左手的五指抓住香炉，直接放在小辈的左手掌上。但后来，传递香炉的方式大都改成了放在榻榻米上的方式了。（031、032）

○传炉的方式因人不同。即使是在早先的时候，给女人和孩子传递香炉时，也是放在榻榻米上的。（033）

○如何展示香炉。在专门展示香炉时，要把香炉放在漆盘中间，香炉前放置银叶片。在专门展示香盒时，要把香盒放在香盘中间，香盒前放置沉香片，香盒后放置银叶片。此时的银叶要包在银叶包里，沉香片要包在小香包里。（034）

○如何展示香炉和香袋。在专门展示香炉、香袋时，要放入名香五种。其中的一种必须是表达季节的"季香"。（035）

○关于暖炉。在召开香会之前，必须先用炭暖炉。因为，如果香灰潮湿的话，会影响香炉的火力。（037）

○关于灰山的形状。圆香炉分五合（5个区域），方香炉分四合，不规则的香炉分六合。鸳鸯炉、鸭炉、狮炉、船形炉等都属于不规则炉。闻香炉选用的是没有回烟（上部不收敛）的三足圆炉。另外，六角形的香炉分六合，八角形的香炉分八合。位于香炉正面的灰筋须压得粗一些，以示区别。（038）

○关于灰山的高度。理灰后应高于炉沿二分，压上银叶后应高出炉沿一分。灰山太矮的话，不利于放置银叶片。（039）

○香主点好香后，自己不能反复试闻。反复试闻是非常失礼的做法。老练成熟的香主完全可以凭手感判断起香的程度，甚至可以取消试闻的步骤，直接把香炉递给香客。（040）

○关于火候。有的香片需要高火才能发香，这时必须把银叶用力压一下。但是，接下来的香片不需要高火时怎么办呢？可以在已有的银叶片上再加上一片银叶，以把火候降下来。（041）

○关于如何保存香木。不能用杉原纸、宣纸，那样会沾染土腥味并会把沉香油吸走。应该用竹皮纸。竹皮纸是收藏香木的最好的东西。（044）

○在风雨天闻香时应注意的事情。要迎风而坐，这样就可以避免香气跑掉。当然也不能完全背对大家，做出怪怪的样子。最好关上障子窗以挡住风雨。（047）

○关于在茶会中插入闻香环节。一般是在吃完浓茶薄茶之后插入闻香环节，并以"一炷闻"为好。（048）

○关于香袋的绳花。如何系绳花，是有秘传的。开始时就有"长绪"式，后来演绎出了多种绳花。绳花的形状有花、鸟、飞虫等，还有一本专门讲绳花的书《白露》。（049）

○关于火候。要看着香炉的火候选择点什么香。火高了就选用硬香，火低了就选用软香。（050）

○关于如何辨香。辨香是一件很难的事情。有的人专看香木片的颜色，其实有的香木块的不同部位的颜色差距很大。有人专注于闻味道，其实有的香木块的不同部位的味道相差也很大。但

比起前者，专注于味道比较靠谱。（051）

　　○关于隔烧香。在重大的香会上，在连续闻了多种名贵香木片之后，首席香客可以主动提出："请拿出檀香让大家休息一下鼻子吧。"此时，香主遵命点一炉檀香。这个场合的檀香被称为"隔烧香"。可以当作隔烧香的还有"沉外""无名""乌角木""鸟酱"等其他杂香木。（052）

　　○关于名香。"太子香"又称"法隆寺香"，是一款罗国香。在香会上应该反复闻三遍。（053）

　　○关于名香。"东大寺香"又称"兰奢待香"。在香会上应该反复闻十遍。此香是圣武天皇时代由大唐传来，当时被称作黄熟香。圣武天皇驾崩后被送到了东大寺，后改称兰奢待。"兰奢待"三个字中藏有"东大寺"三个字。又一说，《朱子语录》中云："王导曾谓胡僧曰兰奢，僧悦兰奢，胡语之褒誉也。"所以，我朝日本为表达对此香木的崇敬而用此名。再一说，原称"兰麝台"，"兰麝"指无与伦比的香气，"台"指收藏处。（054）

　　○关于名香。"古木"这款名香需要反复闻三次。其实，一些著名的香木都要多闻几次。每款香都会有发香最好的那个瞬间，称"きき"。它的出现是不规则的。越是好香，きき的出现越靠后。像"三吉野""逍遥""红尘""法华"等名香都需要反复闻。（055）

　　○关于火候。当香炉的火候迟钝时，可以用火箸开个火窗。如果还不够时，可以把一个燃过的香木片塞进火窗里，以助火力。有一说反对这种做法，说助燃的香木会把香灰染上味道，影响其他香木之香气的正常发挥。（056）

　　○如何去掉香木外表的异香味。由于古代缺少好的包装材料，多个香木块存放在一起时，会产生串味的问题。用冷水泡三服皮物粉茶（一说指桧树锯末），然后把 5 两沉香放入，浸泡一昼夜，再用清水反复清洗，捞出后放在阴凉处晾干。（058）

〇埋炭理灰秘诀。关于此事，有秘诀 4 个。一是令主火力在香炉的下半部；二是令主火力在香炉的上半部；三是先把灰山堆至高出炉沿三分，再用银叶下压二分；四是用手指直接点触银叶片以测试炉温。一说点触银叶片时要用无名指。每块香木片所要求的最佳炉温不同，所以要有不同的埋炭理灰方法。此事最难，除师傅亲授不可掌握。（059）

〇关于名香。有说"太子香"是由老鼠从老鼠洞里拖出来的。后被收藏于法隆寺。又因法隆寺是圣德太子所创，故得名"太子香"。（060）

〇关于名香。足利义政将军造访东大寺时，东大寺从"兰奢待"大香木上割下来一块香木送给了足利义政。其大小只有一寸四方，珍贵无比。但是，比起"太子"来说其原木要大得多。一说，在足利义政之后，织田信长、德川家康都曾去东大寺割过香。（061）

〇关于名香。据说，"三吉野"是从"东大寺"上割下来的一部分，是香气薄弱的一部分。还有说，"逍遥"是"东大寺"的皮的部分。三香出自一木。"三吉野"出香快，有凉感。（062）

〇关于名香。"八桥"是"兰奢待"的皮的部分。但有人反对以上说法。说"八桥"属罗国，"兰奢待"属伽罗，怎能是同木？"八桥"似"菖蒲"，味道清晰稳重，尾香似"枯木"。（063）

〇关于名香。"法华"出自九州的法华寺，后传至皇宫。故名"法华"。另有"法华经"香，完全是另一款香。（067）

○关于名香。"夏草"的名字缘于其香气浓烈,如同夏草的繁茂。（068）

○关于名香。"寒草"是"夏草"的油脂少的那一部分。也可以说是"夏草"的背身部分。（069）

○关于名香。"人宿"的命名缘于这款香的香气总是环绕不散。（070）

○关于名香。"扇"的命名缘于其尾香很弱,如同扇扇子,每下子的最后总是没什么风了。（073）

○关于品香。在香会上,闻完"兰奢待""太子"等顶级名香之后,人们往往不愿离开、不愿散会。这时,为了让大家的情绪平静下来,休息一下鼻子,可以拿出檀香闻一下。这是一个不成文的规定。（080）

○关于香席礼法。在埋炭理灰及整个香会期间,不能有擤鼻涕等失礼的动作。（081）

○关于点香礼法。在鸭型炉上放置银叶时,应该把银叶的一角朝向鸭的胸部。当然,不只是鸭型炉,大凡椭圆形的香炉都要将银叶片的一角向前。如果用四方形的香炉,最好用圆形的银叶片。（082）

○关于香席礼法。用鸭型炉闻香时,应该把鸭头朝向自己的左侧。传递给下一位香客时也必须这样。现今大都用圆筒形的香炉闻香,但早些时候并不是这样。人们用各种形状的香炉闻香。（083）

○关于点香礼法。火候太高时,不要把香片放在银叶片的正中,要放在偏一点的、火力弱的地方。（085）

○关于点香礼法。如果使用圈足的八卦炉闻香，应该把表达当季的卦纹朝前。要随着时辰的变化逆时针地旋转使用。当然，八卦图有先天之图（伏羲所作）和后天之图（文王所作）之分。（087-1）

○关于香道的秘传。我（志野宗信）数十年跟随三条西实隆先生学习香道。在我的再三恳求之下，记录下了这个小册子。三条西实隆先生告诉我：即使是自己的子孙也不可给看。此道不可流布，只停留在唐物侍奉官、能阿弥的直传弟子、村田珠光、松本珠报和我的圈内。如果遇到香道的热切求索者，可以将小册子中的某一条抽出来传授于他。（落款）1501年志野宗信。（087-2）

○关于名香合①。名香合应由10人参加。分成左右两队。每人带来两款名香，共点20炉。先由左方的一人点一炉香，后由右方的一人点一炉香。全体香客闻毕后，各自按照自己的判断给出意见。认为左方香在上的就出左札（香札的尺寸为宽六分半、长一寸九分、厚一分半，杉木制），否则出右札。由于"兰奢待""太子"属于特殊高规格香，故不参加名香合。（088-1）

○上文是受人委托不得不抄写而成。即使把前50条透露给他人，也绝对不能把包括特别秘传的所有内容泄露给外人。如是，则不能容忍。（落款）志野省巴1558年（088-2）

《义之卷》（建部隆胜笔记）的主要内容：

○如何在壁龛上摆饰香炉。如果壁龛上挂有释迦、观音、达摩、布袋等佛画，前面要摆饰三供物（香炉、花瓶、烛台）。如

---

① 名香合即是闻名香的比赛。

果壁龛上挂有山水、花鸟、草木等画，应该只摆饰一个香炉。关于香炉的位置，志野宗信主张摆在挂轴的左侧。但当今的香炉（可能因为多是著名香炉）大都摆在挂轴的中间。有时还要与天目茶碗组成一对器物摆饰。（094）

〇被摆饰香炉的状态。被摆饰在壁龛上的香炉里不放炭团，上面也不放置银叶片。但要有灰筋。灰筋只有两条（分别划在五点半、六点半），这是灰型的省略式。如果在香席上马上就要用到这个香炉则只用炭箸将香灰的表面抹平即可。（095）

〇银叶片的规格。银叶片以厚为好。尺寸是九分四方（29毫米四方），四角各切掉一分（3毫米）。一说，太厚了的话不好用。（096）

〇关于炭团。炭团可以用槲树的树枝来烧成。长七分（21毫米）、直径四五分（12毫米）。这样的炭团适合于直径二寸五六的闻香炉。当然炭团的大小要根据香炉的大小来定。（098）

〇关于灰筋。以圆炉为例，只在香炉的正面压一筋的为略式；压五筋的为简式；压五筋之后在每合里再压十筋的为正式。（099）

〇香案空间是神圣的。一般来说，香案上不能摆饰闻香炉。因为闻香炉是娱乐用具、玩具。（100）

〇关于香盒。因为香盒里装有沉香，为防止香气走漏，香盒必须放在香袋子里。香炉就不一样了。一些有名的香炉平时也被装在袋子里，但是在盘中展示时，一定要把香炉从袋子里拿出来。（101）

〇关于空熏时用香。要选用张扬四射风格的沉香做空熏时用的香片。（103）

〇关于名香。不能在空熏时烧名香，也一般不用于组香。（104）

香书

○关于宜烧香的时节。雨雪时节，万物寂静时，最宜烧香，古人就这么说了。（105）

○关于名香。在鉴赏名香的香会上，一般不单独闻一款名香，至少安排闻两款。看情况要拿出三五款。要把最好的香安排在最后。（106）

○关于名香。像"太子""东大寺"这样等级的名香都是结会之香。即在其出场后不再安排其他的香。如果香客中有外行人，提出接香，就回答说："鄙人没香了。"有时候，资深的老香人为考验香主，故意提出要接香，就点上一些"赤旃檀""沉外""无名""丹霞"等杂香应付一下。（107）

○关于香主如何选香。香的分类有四季香、恋香、杂香、喜庆香等几类。选择时要看季节场合而定。（109）

○关于香包纸。包香木片的香包纸尺寸没有硬性的规定。要看盛放香包的香盒大小而定。如果使用的香盒的尺寸小，香包纸的尺寸自然就要小一些。（110）

○关于香包纸。如果内容是 11 种顶级名香，则另有折叠法，以区别其他。（111）

○关于香包的盛放法。一个香盒里盛放三个或五个香包为宜。盛放三个时，所有香包的字头要朝前，其中的两个竖着平摆，第三个压在二者的中间。如果盛放五个，则在中层增加两个竖着平摆的。香袋的情况就不同了。如果放五个香包，则中层的两个香包的字头朝左摆，即横向摆放。在香包的下面要盛放银叶片，银叶片要用纸包好。（112）

○关于空熏。用于空熏的香木片不必包，直接放在香盒里。

关于其大小有多种见解，或长三分、宽二分、厚一分，或二分四方、厚一分，或削多少是多少。（113）

○香人参加香会如何带香。如果去参加续炷香会，有可能每位参加者都要点自己带去的香。一般要带五种左右。例如上等香一款、当季香一款、杂香一两种、沉外之香①一种。年长的香人一般把香片放在打火石袋子里，年轻的香客则用纸片包一下揣在怀里。年轻人不能当众自信满满地将香木的纸包拿出，而要侧过身悄悄地拿出。传说，从志野宗信开始使用香袋来盛装香木。香袋是圆的，直径二寸二分或一寸八分，采用长绪花样式的绳花。还有人用香夹②来盛装。（115）

○香席上的礼仪。传炉时应向下一位香客行"次礼"③，但对自己的内人就不必了。（116）

以下 11 条是关于顶级的 11 种名香的味道：

○"太子"的气味，优雅奢华有凉感。（123）

○"东大寺"，出香慢，一隐一现，反复四五次，有凉感。伽罗。（124）

○"逍遥"，出香快，但比"东大寺"味薄。伽罗。（125）

○"三吉野"，出香比"东大寺"略快；气味比"东大寺"略薄。伽罗。（126）

○"法华经"，柔和古朴。伽罗。（127）

○"红尘"，出香略迟，古朴，稍有辣味。伽罗。（128）

---

① 指非沉香类。如檀香、降真香。
② 类似今天的钱夹。
③ 即向下一位说"先失礼了"。

香书

○"古木"，类似"菖蒲"，细微而安静。罗国。（129）

○"中川"，古风，飘逸。真南蛮。（130）

○"八桥"，类似"菖蒲"，安静，比"古木"活泼。罗国。（131）

○"花橘"，出香快，收香快，只够三人享用。上等真南蛮。（132）

○"圆城寺"，我还没有机会闻到过。特级伽罗。（133）

○闻香时如何用鼻子。关于用鼻法，有"右重左轻"的说法。如果共闻三息，则右鼻孔闻两息，左鼻孔闻一息；如果共闻七息，则右鼻孔闻四息，左鼻孔闻三息。一说，根据时辰，左右鼻孔的灵敏度不一样。12点时阴阳平衡，双鼻孔都灵敏。宋俞琰《席上腐谈》曰："欲知时辰阴阳，当别以鼻。鼻中气，阳时在左，阴时在右，亥子之交两鼻俱通，丹家谓玉洞双开是也。"（186）

○用香与季节的关系。立冬后可以点"寒梅"香，但冬至后就要点"早梅"香了。（187）

○关于火候。香炉里的火温要下强上弱。要深放一块大炭，等热度渐渐升上来的为好。（188-1）

○以上我的这些文字，纯属个人观点，请多指教，恕不外传。（落款）建部隆胜1573年。（188-2）

《礼之卷》（香之次第、雪月花集、名香目录）的主要内容：

○如何在银叶片上摆放香片。一说，银叶片的尺寸可分为4种。1序：长三分；2破：长二分；3急：长一分；4急急：大于序。根据香会的主题和点香人的心意，须在银叶片上摆放出10种不同的模式。

一说，以上都是一些"祈祷之香祝"中的做法。可能是香道早期的说法。（189）

新婚祝福时　有怨气时　观花时　结盟时　寂寞时　胜利时　高兴时　忧伤时　佳人不来时　单相思时　香次第

香片的摆法（从右起读）

○关于灰山的形状。在香道形成的早期，有关灰山的形状有如下说法：

春季的灰山：一

夏季的灰山：一

秋季的灰山：丰

冬季的灰山：丼

但这些古老的说法真不知应该如何呈现。不过，曾有人使用过带造型的火箸，在灰山上打出四季的花朵印。（190）

○关于香道具的形成。早先没有用鸟羽做的灰扫，志野宗信曾用小手指清理炉沿。（195）

○关于理灰法。早先，在志野宗信的时代，做好灰山后，如果火力很强的话就不用开火窗，即使开了火窗后也要把火窗口用银叶片压平，也就是说，从银叶片上看不见火窗的状态是正确的。（196）

○如何放置银叶片。拿住银叶片的对角，放在灰山上，角朝前。即菱形放置。（199）

○如何切香。要根据香木的性质切香。像伽罗那样的高火才

香书

215

发香的，就要切得小一些；相反，如果是着点热就发香的，就必须切得大一些。（200）

○关于空熏与闻香。不能用空熏炉来闻香。如果用，必须先把网盖子拿下来。一般来说，不能把用于空熏的香丸凑近鼻子来闻。（203）

○如何爱护著名的香炉。在使用顶级的著名香炉时，不能用金属的炭箸拨灰，恐怕会划伤炉壁。如果不得已，用金属炭箸拨灰，就要倍加小心。（204）

○关于闻香的时节。雨天的早上、雪天的晚上定要闻香。夏天无法闻香。这么说是因为，夏天人无气力，鼻子出汗，难以辨香。夏天至少不能闻名香。最好采用空熏，空熏白檀，有凉意。（207）

○做灰山的意义。在香炉里压出灰山的意义在于：首先，可以在香片滑落时容易被看到并且被夹起；其二，为炉中增添景致；其三，易于放置银叶片。（208）

○如何收拾残香。点完了的香片仍然在银叶片上。如何将残香片收拾起来？人们常常用抹上唾液后的手指去将残香粘起收毕。这样做太让人恶心，应该用银叶铗收拾残香。（210）

○关于香包纸。早先的人们认为，包名香一定要用中国来的纸，如果用日本纸的话，在打开香包时，香片容易崩出。一说则不然。中国纸易吸油，会把香片上不多的沉香油吸走。不如用高丽纸、朝鲜纸。（211）

○关于香袋。香袋底部的直径为一寸八分，用三色布料缝制，穿绳如常法，高矮适宜便可。一说，香袋有两种，直径一寸八分者为香人揣在怀里携带香片使用；直径二寸二分者为摆置于香盘

上使用。又说，不限三色，有四色的。一色的香袋也无妨。（212）

○关于香炉的温度。在香会开始时，香炉的火力要高一些，趁热点一些真南蛮之类的一般品级的香；待火候稳定下来之后，点上等的名香。（213）

○什么是最标准的炉温。如何测试炉温呢？将手指放在银叶片上，尔后轻轻抬起，这样的炉温最好。如果在手指点触银叶片的同时，手指下意识地马上离开，则为火温过高。当手捧香炉接近鼻子时，脸部能感到一点点暖意，就是最好的了。（214）

○关于香的品质。有些年头不够的沉香，一上炉便会发出华丽张扬的香气，但到了尾香阶段就变了味道。这就是年头不够的香或下等香的缺陷。（215）

○关于香的品质。真正的顶级香的特点是头香、本香、尾香每个阶段的味道一致。评价好香的基准有六：香木外形、香气高低、起香速度、香气品位、发香长度、耐火程度。凡好香在发香过程中都有一个"きき"，即高峰、最好闻的那个瞬间。最高档次的香气被比作"杏仁味"。（216）

○香炭的问题。最好用櫟木或杜鹃木烧成，高七分、直径八分，或根据香炉大小而定。用时有讲究。用冰水泡一天，捞出后在露天晒30天。临用前须先过一下火后灭掉，去除炭气，此曰炼炭。（222）

○香灰的制作。取菱角的蔓和叶晒干，烧成灰备用。这种香灰能助炭力。（223）

○香灰的制作。取大豆的壳晒干，烧成灰，再炒一下。此灰呈白色。一说，香灰的种类很多，具体可查阅《香知录打闻》。

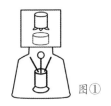

图①

图②

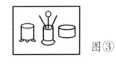

图③

摆饰香道具

轻的灰不好，容易飞散，炭走得快。最好的灰是把石灰反复烧之后，过一下绢筛的。经营香道具的野田家制作的"白梅"灰就是按照如上方法做的。（224）

○香灰的制作。把多罗木劈开，去除木心的白色部分，用灰汁煮一下，像烧枪弹中的火药炭那样，将其烧成粉。用作香灰。（225）

○如何摆饰香道具。在摆饰香炉、香盒、香具筒时，木香箸和金属火箸要插在香具筒里。如图①，在香案的上层摆香炉、香盒，在下层摆香具筒，最好使用矮一些的香盒，以免挡住后面的香炉。或如图②，上层只摆香炉，下层摆夋香盒或大号的沉香匣子。或如图③，在宽一些的香案上，将香炉、香具筒、香盒一一摆开，此时的香具筒应靠前放一点。（226）

○如何使用长盘。先把香炉、香盒放在两边，然后把木香箸放在二者之间，形成"川"字形。也可以只把香炉、香盒放在长盘上，在香客没到时提前在香室放好。木香箸在正式出场点香时，由香主手持拿进香室。以上文字的作者不详，记录时间应该在建部隆胜之后。（227）

○关于《雪月花集》。作者不详。一说，《雪月花集》是御家流的66种名香、其外130种名香、佐佐木道誉的177种名香的目录，是志野宗信从御家流借来抄写而成。（228）

○关于《名香目录》。作者不详。其中抄录了名香128种。（231）

○以上是我（志野宗信）从三条西实隆借得的册子，由飞鸟

梅花		萩花		緑竹		青松		十炷香烧合之记
二\	一\	三	一\	ウ	三	三	一\	
三\	三\	ウ	三\	一	一	三\	三	
ウ\	一\	三	一\	三	二	ウ\	二	
二\	二\	二\	一	三	一	一	一	
三\	一\	二	二	三	二	二	一	
十		四		四				

十炷香烧合之记上雅称青松的香客闻对了 4 款香，最后一位雅称梅花的香客竟然得了满分。

井抄写而成。（落款）1574 年，志野宗信。（233）

　　○以上，是我的老父亲（志野宗信）传授给我（志野宗温）的内容。我 50 岁之后传授给了我的儿子志野省巴。（落款）1574 年，志野宗温。（235）

　　《智之卷》（十炷香之记、香炉图、对建部隆胜赞文）的主要内容：

　　○十炷香烧合之记。这是在一个银叶片上放两种香片的特殊点香式。与有试十种香类似。先闻试香"一""二""三"，然后将前者的各 3 包加上客香共 10 包打乱后，抽出两个香包，把两种香片放在一个银叶片上出香。香客闻后要出两个香札。[①] 关于此项内容，奥义繁多，须面授。（243）

　　○香炉之事。以下 30 条有关香炉之事是志野宗信的门人炭翁斋写于 1573 年的笔录。（246-1）

---

① 要强调的是，在抄写答案时，须把数字香写在客香的前面，小数字写在大数字的前面。

　　〇二重香炉。二重香炉乃神前之置物也。炉内的灰山应分五合。置沉香于上。宋《陶异录》曰："博山香炉也，象海中博山，下盘储汤，润气蒸香，象海水之四环也。"一说，二重香炉之图应画有底部的水盘。（246-2）

　　〇闻香炉。三足直筒型，直径二寸三分的为好。以唐物青瓷者为上，稀有，和制者多。在标配的十种香具里须有两只闻香炉，但很难凑齐两只唐物青瓷闻香炉，即使凑齐也往往是不成对的。唐物青瓷闻香炉价格昂贵。炉内的灰山应分五合。（246-4）

　　〇火取香炉（用于空熏或运送火种）。此炉的古图有三足，但今者没有三足。大枝流芳《香知录打闻》中有详细说明。（246-6）

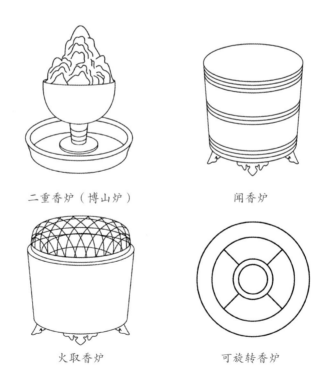

二重香炉（博山炉）　　　　　　　　闻香炉

火取香炉　　　　　　　　可旋转香炉

○可旋转香炉。（如同丁缓所设计之香球）有大者可以摆饰在副壁龛上，有小者可揣在怀中。炉内的灰山应分五合。（246-9）

○鸭型香炉、鸳鸯型香炉。此类香炉有铜制的，也有陶瓷制的。上下开合的样式有横直线分开的，也有只能开合翅膀部分的。用其闻香时应让动物的头朝左，摆置时应让动物的头朝前45度。炉内的灰山应分六合，灰筋应从动物的正胸部开始打起。（246-13）

○狮型香炉的灰筋模式。鸭型香炉、鸳鸯型香炉、狮型香炉的灰筋模式都应是六合。要从动物的胸部开始打灰筋。对于头部完全朝前的狮子形香炉，摆放时应该完全朝向观赏者。（246-14）

鸭型香炉、鸳鸯型香炉　　　　狮型香炉的灰筋模式

六合的灰筋

五合的灰筋

从香炉的前方开始打灰筋

省略式灰筋模式

五合六合的灰筋模式　　　　　　四方炉的灰筋模式　　　　常用的省略式灰筋模式

○关于六合、五合之灰筋模式。一说此图有误。一是在操作时香炉是向右转（顺时针）的，香炉在凶事之时才向左转（逆时针），吉事之时应向左转；二是灰筋的数量不够，每合里应有 10 条，而图上的只有 6、7 条，三是在圆形的香炉里灰山不应该有六合式。还有说灰山是在仿照富士山的形状，"合"的说法也取自表达富士山道的区分点 ① 的说法。（246-15）

○省略式灰筋。给灰山压灰筋时须从香炉的正面开始压。一说，此种灰筋相当于灰筋的"行"之等级样式，可以当作"行"之等级样式的灰筋模式还有很多。（246-16）

○四方炉的灰筋。四方炉的灰筋呈四合。摆置时须让一个角朝前（不论三足或四足的方香炉还是圈足的方香炉）。银叶片要

―――――――――

① 富士山从山脚下至山顶的山路被分成 10 段，"一合目"至"十合目"。

木雕花漆盘

圆盘上置香具

与方香炉错开角来放。（246-17）

　　〇省略式灰筋。这是两种比较常用的省略式灰筋。（246-18）

　　〇木雕花漆盘。须注意木雕花漆盘的摆放朝向。当摆放在壁龛上的挂轴前的时候是花朵的顶部朝向挂轴，当奉送到客人面前的时候须把花的根部朝向客人。（246-20）

　　〇在圆盘上如何放置香具。在香炉的前面放置香袋时，香袋的绳子应系成长绪花样式。一说，此图上的长绪花样式有问题，没有形成一个圆。（246-21）

　　〇在各种盘子上的置香具法。圆盘、方盘、椭圆盘、长盘的摆饰方法如图。细节请参照《饰抄》一书。（246-22）

　　〇如何在香盒或香袋里放名香包。在香盒或香袋的里面，将5个名香包横竖叠放好，竖放3个，横放2个，上面压放银叶片，盖好香盒的盖子或系好香袋的绳子。将此摆饰在壁龛前的香案上，同时摆饰带耳香炉或灵芝香炉。（246-23）

香书

223

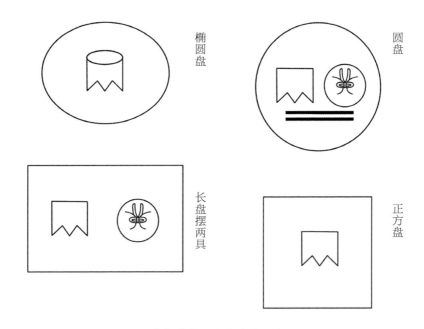

在各种盘子上的置香具法

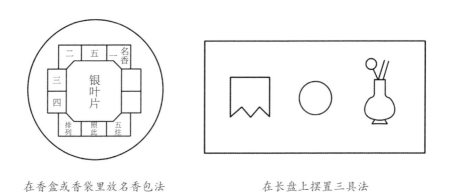

在香盒或香袋里放名香包法　　　　　　在长盘上摆置三具法

　　○如何在长盘上摆置三具。在长盘的中央摆香盒，左边摆香炉，右边摆香具筒。摆好后再把长盘摆在副壁龛上。（246-26）

○如何摆饰炉、箸二具。在壁龛的挂轴前，先摆上香炉，香炉的尺寸最好是直径二寸三分。然后，根据香室入门的位置，把火箸放在香炉的左侧或右侧。（246-27）

○关于香几。（香几的位置，一般在禅堂的中间）如果是唐物香几，上面不能放置任何物件，坐禅时可以放空熏香炉。如果是和物的香几，则上层放带耳香炉和香盒，下层放香具筒，香具筒内的灰押和火箸的位置如图。一说，灰押和火箸的位置应该是：灰押搭在瓶口的6点处，朝正前方；火箸搭在瓶口的12点处，朝后倾斜。（246-28）

○供桌上的完整摆饰。这是佛前供桌上的一套完整摆饰。（246-29）

○关于香包的尺寸。小香包的尺寸如图。（大约长3公分，宽1.5公分）这是叠好的状态。大香包的尺寸是长四寸五分，宽三寸八分。

火箸摆放方式

香炉大小适中

炉、箸二具摆饰法

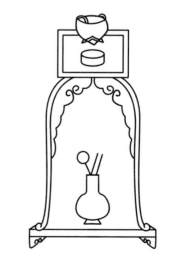

没有托盘的摆放方式

香案上的香具摆饰法

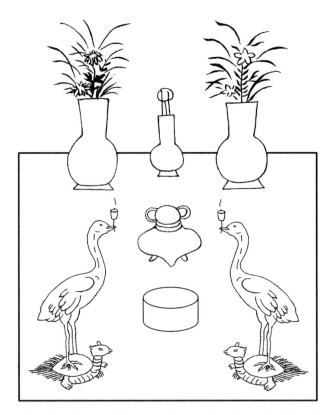

供桌上的完整摆饰。中线上布有香盒、香炉、香具筒，形成直线，香具筒里插有灰押和火箸。前方左右各有一个烛台，后方左右各有一瓶花。茶花香三要素俱全。

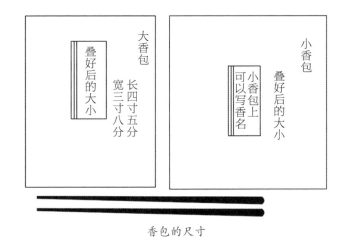

香包的尺寸

另，香箸是由杉木做成的，要注意杉木纹路必须笔直。（以上30条即是岌翁斋所录内容）（246-30）

〇翠竹庵对建部隆胜的赞文。闻香之明德被三国（印度、中国、日本）共同尊崇。香可以除秽、引神、治病、娱情，功德无量。建部隆胜公制定香道仪轨，搜罗大量名香，细分品类，并且把每个香名拼上了读音。实乃香道之大功臣也。（落款）1574年，京都翠竹庵道三笔之。（247）

以上是依据堀口悟于2009年出版的《香道秘传书集注的世界》（活字印刷本）提供的内容，对《香道秘传书集注》（1799）的247条主要内容进行的梳理编译。《香道秘传书集注》分9个部分、4卷、247条，可总结出如下要点：

《香道秘传书》的原创写作年代在1501年至1575年间，相当于中国的明代中期。在这一期间，日本香道已经形成并臻于成熟。

1. 香人辈出：三条西实隆、志野宗信、志野宗温、志野省巴、建部隆胜、岌翁斋宗入、翠竹庵道三等香道宗匠活跃在香道文化领域。他们各自有自己的门人学生，对香道各自有独到的见解，有高频率的深入的香道实践活动。

2. 香木种类丰富：至那一时期，61种名香的筛选已经胜出并得到了香道界的认可。可以推测，这61种名香是在数百乃至数千种的沉香木中遴选而出的，是在数百乃至数千次的香会上由无数香人反复嗅别出来的。可以说，在大航海时代的东北亚海上贸易繁荣的背景下，日本得到了丰富的稳定的香木供应。

3. 香道用具基本齐备：在香具这一环节里看到了中国香文化对日本的影响。初期的香具有火箸和灰押，这也是中国香具的两个基础件；初期曾使用各式铜炉闻香，这可以说是对中国空熏香模式的承袭。其后添加了银叶铗、（木）香箸、香包串、灰扫、香匙。这些后添加的香具都是为了适应日本新形成的隔火闻香模式。

因为在一次香会上需要多次放上、撤下银叶片，所以产生了银叶铗；因为日本香道中使用的香木片很小，所以需要精准度高的木香箸和香匙；因为要把香炉拿近鼻子闻香，所以要用灰扫把香炉修饰得很干净；因为日本香会是一个猜香比赛，答案很重要，所以需要一个固定答案的香包串。

4. 香礼基本形成：这一时期，正是日本香道礼法的定型期。这一时期前半段的香会以续炷香会为主。香人们都是自己携带着香木来参加香会的。早期的香会上的传炉法有用托盘供奉的、手递手的、放在榻榻米上的等多种方式。早期的银叶片、香木片的尺寸不统一，但逐渐形成了共同认可的规格。在早期的香会上有人遇到好香就霸占香炉、长时间不放手，对待一般的香就草草应付一下。这些都受到了批评。在这个过程中，香道礼法逐渐形成。总之，《香道秘传书》是 17 世纪 80 年代之前日本香道发展史的完整记录，是日本香道艺术形态的定型之作。

二百组香集大成

——《香道兰之园》的摘译解说 [1]

　　《香道兰之园》一书的底稿诞生于 1677 年，由活跃于当时江户香道界的铃鹿周斋 [2] 所记。经多人私授传播后，于 1734 年，由菊冈沾凉 [3] 修订补充付梓刊行。该书共 10 卷，篇幅宏大。第一卷是香道概论，第二至第九卷是组香，第十卷是香具细则、名香谱。《香道兰之园》是继《香道秘传书》之后日本香道发展的重要成果，充分展示了日本香道繁荣期的样貌。

　　《香道兰之园》共记载了 236 个组香，可称是"组香大全"。而且，其中的约半数是盘物组香，即使用人偶道具来表示猜香比赛成绩的组香。这大大提高了组香会视觉上的娱乐性。从中可以看到 17 世纪日本贵族生活的轨迹。可惜的是，目前，由于日本贵族群体的没落、香道具的逸失，《香道兰之园》所记组香的大约三分之一已经不能再现。所以，当今的日本香人把《香道兰之园》上所记组香称为"古典组香"。

　　以下，摘译《香道兰之园》前四卷的部分内容以飨读者。

---

① 这一节重点参照了尾崎左永子、薰游舍《香道兰之园》，淡交社，2013 年。
② 铃鹿周斋，生年不详，1644 年至 1651 年曾在京都皇家学习香道，后移居江户，普及香道。
③ 菊冈沾凉（1680—1747），伊贺上野人，活跃于江户，刀剑金工、著名俳诗人，著书 20 余部。

《香道兰之园》卷一：香道概论

○夫尘里偷闲之中得意者莫过于玩香道。和朝尚此风俗已久。家家秘藏名香，贵于珠玉。并有闻别之法，在同种异品的辨别中，展开"中"与"不中"的较量。夫香为海山西之佳产也。异域秦汉以前与中国未通，故秦汉只限于兰桂郁椒而已。汉雍仲子赴南海寻香物。其后南海郡有采香户。南方有香市。汉武帝焚烧月氏国神香救吴安之瘦。[①] 焚香可解胡膏之臭气。又按本草，香出天竺单于国。汉时香木进入中国，三国六朝隋唐渐盛。尔后，豪族富家以此为枕、为台榭，沉香亭、四香阁、檀香亭等乃此类也。

○和国朱雀院大臣制黑方香丸，公任卿制承和百步香丸，此乃合香也。自佐佐木道誉崇尚一木沉香，军旅国务之暇以驰劳散郁。其家所藏奇品佳种乃传世之五十种名香。足利义政将军深谙此道，花旦月夕、雨夜雪中无不焚香。三条西实隆乃此道之权威。

○一休和尚作《香十德》。感格鬼神，清净心身。能除污秽，能觉睡眠。静中成友，尘里偷闲。多而不厌，寡而为足。久藏不朽，常用无障。[②]

○或有书曰，花山院天皇（968—1008）时，高丽人石公来朝，带来沉香，天皇采纳石公为臣。将香炉之烟比作富士山烟。将香炉之灰型定为八岭七谷。将香灰的颜色定为五色。青色代表春日之绿草、赤色代表夏日之早霞、白色代表秋日之白菊、黑色代表冬日之黑云、黄色代表中央。香炉之三足代表日月星、天地人。焚香可以守护天地神祇，破除恶魔障碍。移居婚姻必须焚香。

---

① "瘦"字义难解，推测指"病患"。
② 《香十德》由宋代黄庭坚原作。

〇有试十炷香为相阿弥流用，无试十炷香为志野流用。十炷香会所用香道具如下图：

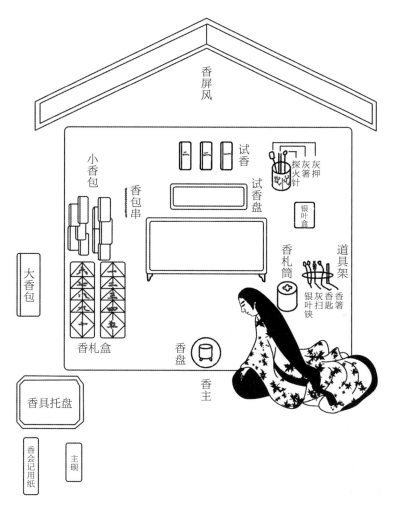

十炷香会所用香具

○闻香时，先用左鼻孔，然后用右鼻孔，左右交替。人多时闻3至5息，人少时闻5至7息。每息之后要将废气吐在规定的地方。用左鼻闻时，废气吐在右怀；用右鼻闻时，废气吐在左怀。

○佛前供香时，将三足香炉的双足面向佛像；神前献香时，将三足香炉的单足面向神像。

○将香片竖放在银叶的正中央是最好的。但用香匙置香时一下子没放正也不要调整，以免破坏银叶和灰型。

○当银叶上附着有沉香油时，可以用热水洗一下。对于顽固者可以在温水中加盐泡一下。

○将银叶放置于香炉时，应菱形置放。用银叶铗夹银叶片时要夹住银叶片的一个角，夹得浅一点，特别是在使用镶银边的银叶时。

○银叶的大小为七分正方或八分、九分。不能大过一寸。有金镶边的、银镶边的。有把四角切掉的，但最好不切。此中有秘传。

○制作银叶片用的云母，还是荷兰的好。有人用日本产的，看上去没有什么差别，但用起来就感觉有差别了。

○香灰用菱角的蔓和叶烧成，可令火力持久。用大豆壳烧成的也不错。

○理灰前，将灰押用火烤一下则灰押不粘灰。

○做灰型时要从置前的香炉足即"闻口"开始。

○香木有阴阳之分。"伽罗""罗国""寸门多罗"属阳性，"真南蛮""真那贺""佐曾罗"属阴性。在续烓香会上出香时，应以阳属香木开始，阳属香木结束。如：阳、阴、阳、阴、阳。

○根据香名，香木分为春之香、夏之香、秋之香、冬之香、

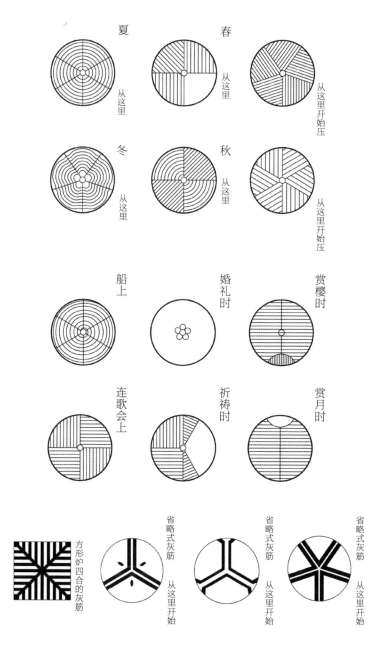

根据香会主题的不同，有多种灰型

恋之香、杂之香六类香木。在续炷香会上接香时还要考虑这六类香木的出场顺序。首先出场的一定要是表达季节的香木。接下来就是表达恋情的香木。续炷香会上，前半场要让新香人接香，后半场由老香人接香。这是因为到了后半场，难度会增大。

○关于火候有秘传。炭团上的灰要放 2 至 4 分厚。如果炭团起火好灰就厚一些，起火差就薄一些。火旺时不用开火窗，火弱时要开火窗。香会前一定要温炉。

○炭团是檞木的好，池田的也不错。炭团高 5 分，直径 5 分。竖放。在大炭团的旁边还要放一个小炭团，以助火力，这样火力才能持久。

○ (先穿好衣服再熏衣的情况下) 男女熏衣方式有别。男人的香炉从左袖入，至怀中停留放香后，沿右侧袖移出。女人的香炉从右袖入，至怀中停留放香后，沿左侧袖移出。整个过程要稳，以免香炉上的银叶片和香片滑落。

○香片的切割尺寸有"序、破、急"之说。"序之香"长三分、"破之香"长二分、"急之香"长一寸。如果将三者一起使用，可以这样摆放在银叶片上：序在上、破在下、急在右侧。

○空熏时，可以将多个香片同时使用，摆放样式也根据场合而不同。

《香道兰之园》卷二：组香

○《二炷开花月香》：

先试闻"花之香""月之香"。后将 4 个"花之香"、4 个"月之香"、2 个"客之香"打乱后出香闻香。每两炉后出一次答案。

如果是"花、花"，答"花"；

春
冬
神前
元服
苦闷时
知人香
胜利时
想念情人时
献给男友
情人不来时
夏
赏花
佛前
恋爱
求不得时
做反梦时
有人去世时
怀念男童时
祭人香
秋
婚礼
喜悦时
恨香
迎风香
被疏远时
同上
同上
侍考

如果是"月、月",答"月";

如果是"客、客",答"岚";

如果是"花、月",答"云";

如果是"月、花",也答"云"。

只有一个人答对加 2 分。只有一个人答对客香加 3 分。用香札投出答案。

〇《鸳鸯香》：

试闻"水之香"。将 3 包"水之香"、1 包"鸳之香"、1 包"鸯之香"共 5 包打乱后正式出香猜香。答案的写法是，忽视"水之香"，只标写"鸳之香""鸯之香"。先出现的为"鸳之香"，后出现的为"鸯之香"。如：一鸳 三鸯。

《香道兰之园》卷三：组香

○《初春香》：

先试闻"松之香""竹之香"。将"松之香""竹之香""梅之香"各3包、共9包打乱正式出香猜香。第一组只出一炉，答案都写"初鸡"。其后出4组，每组出两炉，两炉组合成新的答案：

松松写"门松"；

竹竹写"门竹"；

松竹写"蓬莱"；

竹松写"屠苏"；

松梅写"破魔弓"；

竹梅写"毬丸"；

梅松写"羽根打"；

梅竹写"齿固"；

梅梅写"惠方"。

（借助答案的表达，把新年的景象一一罗列彰显）[1]猜对惠方者加3分。

○《吴越香》：

（以有试十炷香为基础）十位香客分成吴军、越军两组，分别使用身着吴军越军铠甲的骑马人偶。人偶各站竞香盘的两头，中间的人偶为大将。每闻对一炉进1格，只有一个人闻对时进2格，只有一个人闻对客香时进3格，只有两个人闻对客香时进2格。与对方相持时，下马算输1分，后退1格算输1分，败者的最坏

---

① 尾崎左永子、薰游舍《香道兰之园》第107页，淡交社，2013年。

处罚是回到原地并下马。当大将进入敌阵3格时，将敌方的战旗放倒；进到4格时对方的大将下马并放下手持的武器。人偶手持的武器有麾、鉾、长刀、弓矢、小战旗。中国春秋时代，吴国和越国之间曾有过长年的战争。

○《四季香》：

（为关注季节的变化而设计）先试闻两种"别香"。将两种"别香"各包一包、一种"同香"包三包打乱正式出香猜香。每闻一炉后出一次答案。

如果香会是在二月举办，则把首先出现的"别香"写成（表达一月的）"睦月"，把其后出现的"别香"写成（表达三月的）"弥生"。第一个出现的"同香"写成（表达二月的）"如月"，第二个出现的"同香"写成（二月初盛开的）"玉椿"，第三个出现的"同香"写成（表达二月末发芽的）"青柳"。成绩只针对三个"同香"，"别香"不参加计分。

如果闻漏了第一个"同香"，把第二个"同香"错写成"如月"，把第三个"同香"错写成"玉椿"，（出于对提前感知季节的肯定）则各加1分，得4分。

○《蹴鞠香》：

蹴鞠香盘上有5条通道，16格。共10个贵族装束的人偶分A、B两队，面对面站在第3格上。先试闻"序之香""破之香""急之香"。后将"序之香""破之香""急之香"各3包、"蹴庭香"1包，共10包打乱后正式出香猜香。每3炉宣布答案一次，称序局、破局、急局。最后的1炉单独宣布答案，称收鞋。每闻对1炉进1格，闻对"蹴庭香"进2格。蹴鞠香盘四周插松、柳、樱、

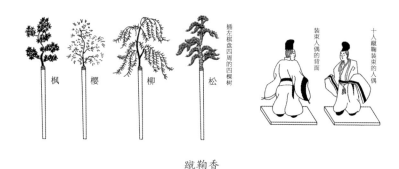

蹴鞠香

枫四树。序局结束。如果A1、B1都仅闻对了1炉则双方原地不动；如果A1闻对了2炉，B1闻对了1炉则A1进1格；如果A1闻对了2炉，B1全没有闻对则A1进2格；如果A1闻对了3炉，B1全没有闻对则A1进3格，B1退1格；如果A1闻对了蹴庭香，B1没有闻对则A1进2格，B1退2格。（这时，A1的人偶可能已经退到第一格）破局结束。

　　〇《十二支香》：

　　先试闻"同香"。将2包"同香"、11包"别香"共13包香打乱后正式出香猜香。只要求闻出两款"同香"，忽略其他的11款"别香"（不在答案上标写）。如果是在午刻（11点—13点）举办香会，"同香"的出现位置是在第2、第8，则在答案上标写为"上刻午2""下刻午8"。①

　　〇《新月香》：

　　（为表达白居易怀念元稹的诗句"三五夜中新月色，二千里

————————

① 古时用十二支来表达时辰，一个时辰分八刻，每刻15分钟。11点—13点为午时，午时2刻记"上刻午2"，午时8刻记"下刻午8"。

外故人心"而设计）先试闻"乐天香""元稹香"。将"乐天香""元稹香"各8包、"客香"4包共20包打乱后正式出香猜香。每两炉香后宣布一次答案。

如果是"乐天香""乐天香"写"乐天"；

如果是"元稹香""元稹香"写"元稹"；

如果是"乐天香""元稹香"写"色"；

如果是"元稹香""乐天香"写"外"；

如果是"客香""客香"写"月"；

如果是"客香"后接其他香则都写"二千里"。

《香道兰之园》卷四：组香

○《黄鹂香》：

（早春时节，人们期待着黄鹂初次的悦耳叫声）先试闻"早梅""初梅""晚梅"三款香，将"早梅""初梅""晚梅"各3包、"黄鹂"2包，打乱后正式出香猜香。另准备1包备用"黄鹂"。每一炉后香客马上出答案，香主马上宣布答案。先出现的"黄鹂"写成"雪上黄鹂"，后出现的写成"初鸣黄鹂"。如果有人闻对了"初鸣黄鹂"，则一会结束，不再继续闻剩余的香。如果全体香友都没有闻对"初鸣黄鹂"，就要把备用的"黄鹂"与剩下的香包重新打乱继续闻香。如果到最后仍没有人闻对"初鸣黄鹂"，则是全体参加香会人的耻辱。所有香，只有一个人闻对时记2分。只有一个人闻对"雪上黄鹂""初鸣黄鹂"时记5分。

○《三光香》：

先试闻"日""月"两款香，将"日""月""星"各3包，共9包打乱后随意分成3组（每3包为一组，用细绳捆好），正式出香猜香。每闻完一组香后宣布一次成绩。答案的写法是：

月日星 = 三光

日月星 = 三光

星月日 = 三光

日日日 = 三朝

月月月 = 秋月

星星星 = 天河

日日月 = 夏日

日日星 = 永日

日月日 = 胧月

日星日 = 短夜

月日日 = 有明

星日日 = 夕附日

月日月 = 待宵

星日星 = 宵明星

月星月 = 不知夜

星月星 = 晓明星

○《贵妃香》（原名"扇军香"）：

会场上摆饰唐玄宗、杨贵妃的精致人偶。使用圆形竞香盘，盘周围有20格，5个手持折扇的玄宗方人偶和5个手持团扇的贵妃方人偶相隔5格而立，在比赛中相互追逐。先试闻"一""二""三"，把"一""二""三""客"各3包共12包打乱后正式出香猜香。只有一个人闻对"客"的进4格，两个人闻对的进3格。只有一个人闻对"一""二""三"的进3格，两个人闻对的进2格。

贵妃香盘　共二十五格

竞香盘高 5 至 7 分

玄宗方的持扇人偶

贵妃方的持扇人偶

装饰用扇子

五把团扇

杨贵妃人偶

装饰用扇子

五把折扇

玄宗人偶

如果使用持扇人偶则
盘上须开槽，如只使
用扇则盘上须开眼

贵妃香①

①　尾崎左永子、薰游舍《香道兰之园》第 131 页，淡交社，2013 年。

香书

连续三炉闻对的加进 2 格。连续四炉闻对的不加进格。连续五炉闻对的加进 7 格。连续六炉闻对的加进 10 格。连续七炉以上闻对的没有加进。如果追逐超过了对方的队伍则把对方的人偶逐一拿掉，如果把对方的人偶全部拿掉则香会随时结束。如果到最后仍没有被拿掉的人偶则以势头强的队为胜。

〇《割草香》：

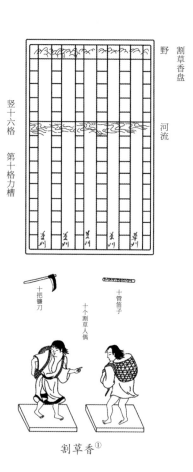

割草香①

竞香盘上有五条竖行进路，起端各放置一个割草人偶，竖有 16 格，第 10 格画有河流，第 16 格画有草丛。香客 10 人分成 5 组，两人用一个人偶。先试闻"一""二""三""客"，将"一""二""三""客"各 3 包共 12 包打乱后正式出香猜香。每闻对一炉走一格，AB 二人成绩叠加。人偶行至第九格时拿起镰刀（给人偶按上镰刀小道具）。第十格是河流（有些小规则），最好是从第九格出发，二人都闻对进两格，一下子越过河流。如果 A 闻对，B 没闻对，只能进一格，人偶掉入河流则被称为"磨镰刀"，B 停闻一炉。如果 AB 从第八格出发全都闻对，使得人偶掉入河流则 AB 二人停闻一炉。第十六格是草丛，到达后人偶回转，称"回家"。回家的路上不用"磨镰刀"，

---

① 尾崎左永子、薰游舍《香道兰之园》第 136 页，淡交社，2013 年。

无视河流的存在。当人偶行至第九格时，放下镰刀拿上笛子。另外，连续闻对三炉奖励三格；连续闻对四炉以上者每次奖励两格；全场只有一个人闻对时奖励两格。如果某组在香会进行中很快走完两个来回则香会提前结束。

○《八卦香》：

先试闻"一""二"。将12包"一"和12包"二"共24包打乱后正式出香猜香。每三炉为一组，写出答案。"一"为阳爻，"二"为阴爻。三炉香即构成一个卦象。在标写答案时需要把卦象和卦名同时写出。如：□乾、□兑、□离、□震、□巽、□坎、□艮、□坤。

《香道兰之园》上所记录的组香还有：

《十炷香》《无试十炷香》《炷合十炷香》《祝香》《源氏四节香》《清氏四节香》《千代香》《水草香》《盘物水草香》《小草香》《小鸟香》《草木香》《若浦香》《船路香》《御被香》《名所香》《住吉香》《玉津岛香》《人磨香》《矢数香》《难波香》《三乎一香》《秋草香》《山吹香》《末广香》《因幡山香》《玉椿香》《野饲香》《风音香》《手枕香》《松梅香》《鹈船香》《水仙香》《雁金香》《菊合香》《衣手香》《三鸟香》《相生香》《三轮香》《五色香》《摘草香》《美人香》《比翼香》《红叶竞香》《清水香》《花筏香》《贝合香》《东路香》《井筒香》《水鸟香》《诗歌香》《山路香》《乐舞香》《小式部香》《三景香》《催马乐香》《盘物催马乐香》《源氏四町香》《风香》《老松香》《桂香》《牡丹竞香》《果香》《何鸟香》《三夕香》《文字合香》《六歌仙香》《雏鹤香》《七种香》《逢坂香》《宇津山香》

《花蝶香》《芥川香》《雨中香》《六仪香》《橘香》《八景香》《明暮香》《阴阳香》《初雁香》《萤香》《古今集香》《异橘香》《早苗香》《鸟合香》《恋路香》《歌合香》《古今香》《东山殿星合香》《志野流星合香》《相阿弥流星合香》《奥路香》《盘物陆奥香》《郭公香》《自香郭公香》《弥生香》《雌雄香》《系图香》《三种香》《虫选香》《樱狩香》《阳炎香》《旗香》《源平香》《神路香》《石清水香》《三笠山香》《鹰狩香》《藤浪香》《衣更着香》《千鸟香》《黑木香》《歌仙香》《子日香》《玉川香》《锦木香》《木樵香》《浦路香》《葛叶香》《斗鸡香》《皋月香》《初音香》《追傩香》《川浪香》《武蔵野香》《鹦鹉香》《岚山香》《雪香》《石桥香》《三文字香》《烟竞香》《御阿礼香》《葵香》《清氏曙香》《马竞香》《连理香》《名香合》《箒木香》《空蝉香》《夕颜香》《若紫香》《末摘花香》《红叶贺香》《花宴香》《葵香》《贤木香》《花散里香》《须磨香》《明石香》《澪标香》《关屋香》《盘物关屋香》《蓬生香》《绘合香》《松风香》《薄云香》《朝颜香》《乙女香》《玉葛香》《蝴蝶香》《常夏香》《篝火香》《野分香》《御幸香》《藤袴香》《卷柱香》《梅枝香》《藤里叶香》《若菜香上》《若菜香下》《柏木香》《横笛香》《铃虫香》《夕雾香》《御法香》《幻香》《匂宫香》《竹川香》《红梅香》《桥姬香》《椎本香》《总角香》《早蕨香》《寄生香》《东屋香》《浮船香》《蜻蛉香》《手习香》。

基于以上史料，可对日本组香的文化特征做出以下归纳：

1.组香印证了日本民族对自然深察感知的习性。丰富而多变、富饶而多灾的日本自然环境令日本民族产生了对身边自然万物时时观察、处处提防的思维模式。甚至常常与草木换位思考，以提前感知季节的变化为荣尚。这种独特的视角也反映在了组香中。例如《四季香》，在二月里举办的香会上，即使是闻错了也要给感知到了二月里即将开放的玉椿的香客加分。再如《黄鹂香》，要把先出现的"黄鹂"写成"雪上黄鹂"，后出现的写成"初鸣黄鹂"，如果有人闻对了"初鸣黄鹂"，则一会结束，不再继续闻剩余的香。

2.组香印证了古代日本贵族对中国文化的憧憬。至8世纪末，日本引进了中国的语言文字、政治制度、文化思想，建立了中央集权制国家，皇族贵族的知识储备和文化修养也源自中国。9世纪以后，日本民族意识增强，但人们仍以熟知中国典章为荣。组香虽然诞生在15世纪以后，但其中仍留存有大量耳熟能详的中国故事内容。例如《八卦香》《十二支香》演绎了中国文化的基本概念，《蹴鞠香》再现了蹴鞠比赛的激战场景，《新月香》赞美了白居易对元稹的深厚友谊。

3.组香印证了日本文艺重在游戏的理念。由于日本政治世袭的传统，日本古代缺少科举制度，文学作品多有游戏性。作为休闲文化而存在的茶道、花道、香道更是重在娱乐。进一步来说，比起茶道花道，香道更是把游戏性表现到了极致。闻香会本身就是猜香会，但参会者并不在意结果如何，而是参与了就好。例如《吴越香》《竞马香》，用人偶来演绎硝烟弥漫的战场。一说在组香中多有"战事"是因为日本古代少有战争的缘故。

进入现代出版时代以后，日本香书的出版一直比较活跃。有一色梨乡的《香书》《香道的历史》、三条西公正的《源氏物语新组香》《组香的鉴赏》《香道：历史与文学》、山田宪太郎的《香料之路》《香料——日本的味道》《香料博物事典》、北小路功光的《香道概说》、神保博行的《香与香道》《闻香的世界》《香道物语》《香道的历史事典》、尾崎左永子的《源氏的味道》《平安时代的熏香——追溯香文化的源流至王朝文化》《香道兰之园》。另外，日本香道协会出版有机关杂志《香越里》。相对于日本香道在日本社会文化中的势能来说，日本香书的量是比较多的。这可能与日本香人集中在高端文化人群的特殊情况有关。

中国药香与日本组香的比较

人类好香是天性使然。在世界各文明圈中都可见香的存在。

在阿拉伯世界，香料的使用历史久远，这一是由于阿拉伯半岛具有香料生长的特殊气候与土壤，二是穆斯林认为使用香料属于圣行，是高尚的精神生活与美好的物质享受的完美结合。阿拉伯人在家添人丁、老人去世、姑娘出嫁、贵客临门时都会使用香料。其宗教活动中更是要摆上大香炉，焚烧大量的沉香、麝香、龙涎香等单品珍贵香料。但是，由于阿拉伯香文化中没有中医药理论的引导，阿拉伯香文化中没有药香体系。[①]

在欧洲，由于其地处的气候环境不生长香料，其对香料的使用较晚。15世纪开始的大航海时代才使欧洲人认识到了香料（胡椒、肉桂、丁香、生姜）对肉食的增鲜、消化作用。哥伦布、达·迦马、麦哲伦先是为寻找香料起航，后来才成为了伟大的航海家。由于西方没有中医药学的理论，所以西方人对香料的使用目的多在于调理肉食的味道、享受各类香气给人带来的愉悦。[②]

在印度，有关香的记载始于《吠陀经》。在早期的印度教中，香的特殊治疗功效并入了宗教行为。佛教形成后，香又成为了佛教不可分割的一部分。印度人不分尊卑全民用香。主要用于咖喱料理、宗教仪式、居室熏香、瑜伽调息、精油按摩。印度因地理位置的原因生产大量的香料，也用混合香。但其分类法显然与中医药理论相去甚远。印度把所有的香料分成5个类型：1.天（果实）。如：八角茴香。2.水（茎、枝）。如：檀香、沉香木、雪松木、肉桂、乳香、没药、龙脑。3.土（根）。如：姜黄粉、岩兰草、姜、木香根、缬草、印度甘松。4.火（花）。如：丁香。5.空（叶）。如：天竺薄荷。[③]

中国用香的历史久远，香文化在中华文明的发展史中起到了重要的作用。

在至今4000年前的新石器时期，先民们已经开始使用熏炉，良渚遗址里就出土了一件竹节纹灰陶熏炉，高11公分，炉盖上有18个孔，所用的燃烧物

---

① 《文明》第165期第99页，文明杂志社，2014年3月，CN11-4789/D。
② 《文明》第165期第40页，文明杂志社，2014年3月，CN11-4789/D。
③ 在西方也有芳香疗法，但重在治疗精神紊乱等心理疾病，这与中国药香的治疗身体疾病的功效是不同的。在印度与阿拉伯也有用香料的精油按摩的传统，但其配方缺少像中国药香那样完备的理论基础，且配方种类较少、较简单。本文不展开此项讨论。

香书

是一些具有芳香气味的草、木屑。

先秦时期，由于边陲和海外的香药（沉香、檀香、乳香等）尚未大量传入内地，所用香药以各地产的香草香木为主。如：兰、蕙、艾、萧、郁、椒、芷、桂、木兰、辛夷、茅等。战国时期，在室内熏香的风气在一定范围内流行开来。这从出土的熏炉可以看出，陕西雍城遗址的"凤鸟衔环铜熏炉"就是一例。先秦时期的人们已经认识到，人对香气的喜好是一种自然的本性，香气与人身有密切的关系，可以用作养生。天子重于养生，除了在宫殿里燃香之外，出行的车架上也要悬挂香草，士大夫也争先佩戴香草。屈原在《离骚》中就说，自己佩戴香草是效法前代大德，"修能"与"内美"并重。香气不仅是一种享受，也是对身心的修养。香气养生的观念对于后世香文化的发展有深远的影响，也成为了中国香文化的核心理念和特色。

汉代是我国传统医学理论的确立时期，著名的《黄帝内经》就诞生在这个时代。用香气养生的理论也在汉代得到整理和确立。成书于公元 1 世纪的《神农本草经》，把 365 种药分成三等，即上中下三个档次。并指出上药是用来养生的，可以久服。在上药的罗列中，我们可见到麝香、木香（青木香）、柏实、榆皮、白蒿、甘草、兰草、菊花、松脂、丹砂、辛夷等传统香料或传统制香辅料，如榆皮、白芨、硝石。

在中医药理论看来，如同大自然是一个由阴阳两气组成的整体一样，人体也是一个小宇宙，需要阴阳两气的正常循环才能保持健康。在中国医学中有关于病势的学说：如果"气"下行至足部后很难上行被称作"下陷"，子宫下垂、胃下垂、手脚发冷症属于此类病势；如果"气"上行至头部后很难下行被称作"上逆"，目眩、呕吐、咳嗽属于此类病势；如果"气"从身体里跑出来停留在身体的表面不肯回去被称作"表"，疹子、痤疮等属于此类病势；如果"气"集结在身体的中心不肯运行被称作"里"，消化不良、肿瘤等属于此类病势。

为治疗下陷、上逆、表、里这四种病势的疾病，便形成了具有升、降、浮、沉四种药势的中草药群。对下陷病势的疾病用升药势的药；对上逆病势的疾病用降药势的药；对表病势的疾病用浮药势的药；对里病势的疾病用沉药势的药。也可以归纳为：用具有升浮药势的药可以提高下陷、表的病势；用降沉药势的药可以压下上逆、里的病势。

那么如何定义药的药势呢？将升降浮沉的理论与四气五味 ① 理论结合起来

---

① 四气又称四性，是寒、热、温、凉四种不同的药性，五味是辛、甘、酸、苦、咸五种不同的味。

解释，便是：气温热、味辛甘的药具有升浮的药势；气寒凉、味苦酸咸的药具有降沉的药势。而香料在中医药里是担当"升浮"作用的主要角色。但香料药性烈、药效猛，除紧急时刻不能大量使用。[①] 在预防医学的引导下，在日常生活中熏香便成为保证人体阳气上扬的保健措施之一。于是，香与茶一起成为保障人体中的阴阳两气正常"升浮"与"降沉"循环运动的两大保健品。

即使用现代医学的视角分析，用多种香料制成的药香的主要疗效也可归纳为 5 个方面：

1. 行气作用。俗话说，通则不痛、痛则不通。药香辛香温通、行而不泄，具有很好的行气止痛作用。药香可以使全身的气血均匀地循环起来，当然就可以缓解疼痛。如癌症晚期的疼痛、痛经等。

2. 发散作用。药香气香升散，有很好的发散作用。比如有人因外感风寒，邪气入中，又饮食过量产生内热滞食，使用药香会大大缓解以上症状，使人体内外通达。从这个角度来说，沉香对脾胃疾病有很好的预防治疗作用。

3. 助阳作用。药香是纯阳之物，可温养脏腑、舒筋活络、壮阳除痹。比如有人久病不愈、精冷肾伤、形寒肢冷、使用药香可以大大缓解以上症状。从这个角度来说，沉香对精冷不孕、便溏肾亏有一定的预防治疗作用。

4. 消炎作用。药香对一般的细菌和病毒有抑制抗菌作用。

5. 松肌作用。药香中的挥发油成分的麻醉作用能减缓人体平滑肌的收缩，能对抗痉挛，对中枢神经系统也有抑制作用。从这个角度来说，药香对哮喘、胃痉挛、心肌缺血、因精神紧张而引起的血压升高等症有很好的缓解作用。

由此，熏香养性、熏香养生成为了汉代香文化繁盛的内因动力。自汉代起，中国香文化的发展就被纳入了中医药的范畴，成为中医药的一个组成部分。这种被纳入的过程与结果不是以人的意志为转移的，而是"文化根基"的格式化使然。

趁中医药大兴之时，两汉时期熏香风气在以王公贵族为代表的上层社会流行开来。著名的长沙马王堆一号墓（前 160 年）即发现了熏炉、竹熏笼、熏香枕、香囊等多种香具，墓中还同时出土了许多香药（辛夷、高良姜、香茅、兰草、桂皮），其中还有一个盛有香药的陶熏炉，此熏炉里还留存有高良姜、辛夷、茅香等混合香草。出土于河北满城中山靖王刘胜墓的"错金博山（仙山）炉"呈海上仙山的造型，可见汉代人将熏香看作了养生长寿的途径之一。

六朝时期，边陲和域外香料大量进入内地，药香品种已经基本齐全。人们

---

① 现代人使用的"速效救心丸"的主要成分就是川芎、龙脑两大香料。

香书

按照中医药的理论审视外来香料，按照中药的制作方式，用外来香料和本土香草合香，选药、配方、炮制出品目繁多的药香。就用途而言，有居室熏香、熏衣熏被、香身香口、养颜美容、祛秽、疗疾以及佛家香、道家香等。就用法而言，有熏烧、佩戴、涂敷、熏蒸、内服。就香品的形态而言，有香丸、香饼、香炷、香粉、香膏、香汤、香露等。

东晋的范晔还写下了《和香方》，可惜正文已佚。但陶弘景的《肘后备急方》中就记载了一种用来熏衣服用的香丸的制作方法：说用一两沉香、一两麝香、一两半苏合香、二两丁香、一两甲香、一两白胶香捣碎后加蜂蜜，用来熏衣服。此种用于熏烧的香丸的制作方法与用于内服的药丸的制作方法完全一致，并且香丸的成熟年代也在药丸普及的六朝时代。可以说，香丸即是药丸的一种；药香既是中药的一个组成部分。就这样，中国的药香体系在中医药体系的形成过程中开始成形。药香成为了中国香文化中形成时间最早、最核心、最独特的部分。

唐时期，国家空前强盛，香文化也获得空前发展。香品的种类更加丰富，用途更加广泛。随着人们对中医药理论认识的加深，药香的养生功效也得到了进一步的认同；随着中药方的整理问世，香方也被大量整理记载。

据傅京亮整理[①]，《外台秘要》引《广济方》的"吃力迦丸"即是著名中成药"苏合香丸"的原方。唐代医方注明：此香丸可防治瘟疫，可治卒心痛。此方使用了几乎所有的重要香药，如麝香、香附子、沉香、青木香、丁子香、安息香、白檀香、薰陆香、苏合香、龙脑香。孙思邈《千金要方》中还记载了一种"熏衣香"："零陵香、丁香、青桂皮、青木香……各二两，沉水香五两……麝香半两。右十八味为末，蜜二升半煮，肥枣四十枚令烂熟，以手痛搦，令烂如粥，以生布绞去渣，用合香，干湿如捼麨，捣五百杵成丸，密封七日乃用之。"

唐代的含服香的利用也很流行。"五香圆"（丁香、藿香、零陵香、青木香、香附子、甘松香等11味）是一种口含的香药，如黄豆大小，常口含可使口气发香、身体发香。

宋元时期，香的利用已经遍及社会生活的方方面面，药香养生的理念如同饮茶养生一样已经成为人们自觉的日常行为，并上升到了精神文化的领域。这使中国香文化达到了鼎盛。宋代文人盛行用香，写诗填词、抚琴赏花、宴客会友、

---

① 傅京亮《中国香文化》第65页，齐鲁书社，2008年。

独居默坐、案头枕边、灯前月下都要焚香，可谓香影相随、无处不在。①

宋代还有很多香学著作，广泛涉及香药性状、炮制、配方、香史、香文等内容。有丁谓的《天香传》、沈立的《（沈氏）香谱》、洪刍的《（洪氏）香谱》、叶廷珪《名香谱》、颜博文《（颜氏）香史》、陈敬《陈氏香谱》等。仅在《陈氏香谱》中记载的香方就有 400 余之多。如《汉建宁宫中香》：

黄熟香四斤、白附子二斤、丁香皮五两、藿香叶四两、零陵香四两、檀香四两、白芷四两、茅香二斤、茴香二斤、甘松半斤、乳香一两、生结香四两、枣子半斤、一方入苏合油一钱，上为细末炼蜜和匀，窨月余，作丸或蒸之。

尽管宋以后的中国香文化呈多样化发展态势，但用香养生始终作为其根本的理念，这反映在制香过程中仍然沿袭着与制作中草药一样的方法；在配料方面多用本土的中药材而少用舶来的纯香料；香的用途多在预防疾病、清洁环境等。

日本文明起步较晚，其地理位置也不产香，故香事的起步较迟。

6 世纪，香料达日本列岛。8 世纪，中国律宗大和尚鉴真东渡日本时，带去了不少香木香药，这对于其后日本香道的形成是一个重要的起点。但因日本处于温暖湿润的岛国，故日本很难效仿发源自我国中原地带的中医药学，很难得到纯正的中药材。尽管鉴真到日本后将所带香、药及日本存储的中药做了甄别教导，日本人把鉴真奉为日本医祖，但相对于古代日本对我国稻作文化、体制文化、文学文字等的大量吸收，日本对中医药的吸收不多。中国的养生理念也没能对古代日本产生明显的影响。

但是，药香因不是内服，对药效的要求不高，又因为大部分高级香料本身也不产自中国，这就给予了日本效仿的可能。特别是药香是通过美妙的香气来愉悦人的身心，养心养性的，这就产生了巨大的文化功用。关于这一点，中国

---

① 黄庭坚称自己有"香癖"。总结出"香十德"。黄庭坚还常常自己制作香品送给友人，别的文人也把自己制作的香品送给黄庭坚。黄庭坚的诗《江南帐中香》中赞美的香就是朋友送的。《江南帐中香》是一款香名，当有人把烧这款香当成是在熬蜡时，他写下了《有闻帐中香以为熬蜡者，戏用前韵二首》。苏轼和这首诗，写下了著名的《和黄鲁直烧香二首》，接下来，黄庭坚又写下了复答诗《子瞻继和复答二首》。可以说，黄庭坚和苏轼、苏辙、苏洵是那一时期香文化的主要担纲者，他们为中国香文化的发展和确立做出了伟大的贡献。苏轼的弟弟苏辙过生日，哥哥苏轼专门给弟弟送了香粉、银篆盘、檀香木观音像，并有诗《子由生日，以檀香观音像及新合印香、银篆盘为寿》。苏轼曾被流放海南，使他对海南沉香比较熟悉，他著有著名的《沉香山子赋》赞美海南香，称海南的上等沉香"金坚玉润、鹤骨龙筋、膏液内足、把握兼斤"，海南沉香也借苏轼的威望名传中国。丁谓也是这一时期的进士，他也曾被贬海南，在海南，沉香给了他不少安慰。由此他写下《天香传》，其中说："忧患之中，一无尘虑，越惟永昼晴天，长霄垂象，炉香之趣，益增其勤。"

的唐宋文化人已经树立了丰富的模式，日本贵族便效仿了起来。

在日本的平安时代，平安贵族们参照中国的香方，利用现有的香料制作香丸，并把这种香丸称为"炼香"；[①] 把熏烧香丸使室内充满香气之事称为"空熏"。并总结出了日本独特的"六大香丸"。"六大香丸"比起唐宋香丸有两个明显的特点。其一，平安香方的设计初衷在于求得与自然环境、四季风物的融合，这体现了日本文化崇尚自然、顺应自然、期许与自然成为一体的文化底色。其二，平安香方多用沉香、檀香、贝甲香等纯正的来自东南亚、阿拉伯的高级香料而较少使用中草药，这是因为平安贵族缺少养生理念，用香只为愉悦情绪而已，也反映了日本香文化缺少中药学根基的史实。另外，这种现象也与日本难以得到纯正中草药有很大关系。

还应注意到的是，在日本平安香文化中已经掺入了娱乐游戏的内容，赛香会就是其具体体现。由于日本古代政治是一种世袭政治，天皇的神统皇位不容动摇。贵族外戚们只能通过婚嫁来触摸最高权力。看似平静的政界并不平静。贵族外戚们为维持自己家族的规格和人脉，须在各种社交场合上站住风头。这样一来，与社交有关的、有女人参加的林林总总的文化就变得重要了起来。在日本的平安时代，流行一种以游戏比赛的形式进行的宫廷雅集，"赛香会"就是其中的一种。

在赛香会上，女眷或宫女们拿出的香丸就是根据中药丸剂[②]的制作方式合成的，虽然香丸在中国是中药丸剂的一部分，是保健养生的药品，但平安的女眷们恐怕顾及不到这些了。她们千方百计地搜集名贵香料、制作独特香气的香丸，以期在赛香会上博得大家的关注。她们的香方是自行设计的。她们在调配香丸时主要考虑香气的问题而不去顾及养生的功效。这种香丸已经脱离了药丸的范围；这种赛香会是一种以鉴赏香丸为契机的游戏活动。

1192 年，日本进入了武士统治的镰仓时代，贵族社会灭亡。忙于征战、崇尚质朴的武士没能接续赛香会的文化成果，香丸的制作在史料上中断。1336年室町幕府成立后，日本民族文化兴起，北山文化与东山文化是其发展的高峰。这期间发达的海上贸易给日本带去了较丰富的沉香。

16 世纪初，三条西实隆在广泛收集、分辨众多沉香的基础上，归纳出了66 种名香；其后，志野宗信又整理为 61 种名香；在同一时期，赏闻沉香片的焚香法问世；赏闻沉香的香会形式定型；独特的闻香游戏——组香诞生。

---

① 炼香用炼蜜合成，根据熬煮程度不同，分为老蜜、炼蜜、嫩蜜，这种说法在宋代有过但不够普及。但在《清明上河图》中有"刘家上色沉檀炼香"的香铺招牌。
② 中药分丸剂、汤剂、散剂。

赏闻沉香片的焚香法是在敬畏自然的理念指导下形成的。在日本香人看来，沉香在抵达日本之前，曾经历了残酷的自然选择与自然抗争，沉香是沉香木为保护自己而分泌出的树脂，如同人在受伤后用自身的血小板结痂，或如蚌病成珠，其过程是极其悲壮的。每一块沉香的结香过程都是独特的，其香气也是唯一的。然而，沉香在香会上经焚烧将结束它的生命过程，此间的闻香炉将是其最后的舞台。由此，日本的香会气氛是隆重的、充满仪轨的，日本香会上使用的沉香片是极小的，厚度只有 0.3 毫米，大小只有 3 毫米见方，[①] 日本称其为"马尾蚊足"。日本香会是一种以赏闻沉香为契机，包括有历史典故、文学和歌、工艺美术、礼仪社交内容的雅集。

香作为一种物质，在中国与日本的不同的历史文化作用下形成了不同的文化成果，即药香与组香。药香与组香主要有以下 4 个不同之处：

1. 药香用复方，组香用单方。

在中药学里，单方是指单味药制剂，复方是指两种或两种以上的药物混合制剂。追溯中药的历史，是以用单味药也就是单方用药开始的。随着人们对药物认识的不断深化和对病因病理认识的逐步深入，才逐渐将药物配伍使用。复方用药数量较多，药效较强，多用来治疗较复杂的病证，又可称为重方。与其单方药相比复方药有增强疗效、降低毒副作用等优势。在复方的配制上又有君臣佐使之说：即君指方剂中针对主证起主要治疗作用的药物；臣指辅助君药治疗主证，或主要治疗兼证的药物；佐指配合君臣药治疗兼证，或抑制君臣药的毒性，或起反佐作用的药物；使指引导诸药直达病变部位，或调和诸药的药物。药香制作的目的在保健养生，所以也多遵循君臣佐使的规则。药香的药材多在 10 种左右。

而组香属于单方。从中药理论上来讲，沉香属于阳中之阳的药物，火气很大，长期使用对身体会产生副作用。[②] 按中药的配伍原则应加上其他药物后使用。但是，日本组香的目的并不是保健养生，所以没有顾及单方之事。

2. 药香用全身吸纳；组香用鼻子吸纳。

药香的利用方法是空熏。即把药香点燃，让药香的香气充满整个房间。人们在此环境下读书写作、谈天会客、生活作息，人体的各个部位在不知不觉中吸纳药香，达到行气、发散、助阳、消炎、松肌的保健养生作用。空熏药香可以发挥药香的最大药效，以保健养生为目的的中国药香选择了此种利用方式也是必然的。

而日本组香是将闻香炉拿近鼻端处并且用手拢住香气来享受香气，因沉香

---

① 根据流派和场合不同，香片的大小形状有差异。
② 当然，这是指使用量极大的情况。日本组香中使用的量很少，不会发生上述问题。

片很小，其发出的香气只能扩散在不足 1 立方米的空间内。^① 所以，组香会上，人们要传递闻香炉，依次闻香。这种方式不利于身体的其他部位吸纳香气，显然妨碍了香药的治疗效果。但组香的初衷并非在疗疾。

3. 药香的香气持续时间长；组香的香气持续时间短。

药香所用的药材种类多、浓度高，每次的用量可以根据情况自行调节，可以做到全天 24 小时香气不断。而组香的发香时间原则上设定在 20 分钟左右。这一是由于沉香片很小的缘故，二是由于组香会上要闻 3 款至 10 款香，^② 某种沉香片的发香时间过长的话反而会妨碍其他沉香片的发香。^③ 在较短的时间内享受多种沉香的香气才是参加组香会的一大享受。

4. 药香重在养生进而养性；组香重在养性间接养生。

从中医的角度来说，焚烧药香当属外治法中的"气味疗法"。药香所用的原料，绝大部分是木本或草本类的芳香药物。利用药香的香气，可以免疫避邪、杀菌消毒、醒神益智、养生保健。由于药香所用原料药物四气五味的不同，制出的香便有品性各异的功能，或解毒杀虫，或润肺止咳，或防腐除霉，或健脾镇痛。但药香的意义不止于养生，由养生延伸的养性效用也非常显著。通过熏香这个载体还可以修养身心、调动心智、培养情操、完美人性。

熏香在馨悦之中，于有形无形之间，让人调息、通鼻、开窍，令人愉快、舒适、安详，香气最能调动难忘的追忆、最能激活思维思绪，故熏香之事又与文学、艺术、哲学紧密相关。可以说，药香重在养生进而养性，药香首先强壮了人的身体，进而强健了人的精神。

日本组香的初衷虽在寻求精神的快乐，其外在形态虽止于娱乐游戏，但在严谨的仪轨、紧张的比赛、优雅的环境中，人的呼吸调和了，思绪平稳了，身姿端正了。对香气的强记活跃了大脑，精神的愉悦带来了身体的健康。可以说，组香重在养性，但对人的身体健康有着积极的促进作用。

药香与组香是中日香文化中的两朵奇葩，是世界香文化中绝无仅有的优秀文化成果，是中日两国人民智慧的结晶。值得骄傲，值得发扬，值得珍惜。

---

① 也有穿透力极好的沉香可使满屋充满香气。

② 有时更多。

③ 实际上，在组香会上，有些沉香片往往在还能发香的时候就从炉上被拿下来了。

中国部分

（宋）陈敬《香谱》，四库全书，子部

（明）周嘉胄《香乘》，四库全书，子部

傅京亮《中国香文化》，齐鲁书社，2008 年

叶岚《闻香》，山东画报出版社，2011 年

扬之水《香识》，广西师范大学出版社，2011 年

林瑞萱《和香的艺术》，坐忘谷茶道中心，2012 年

严小青编著《新纂香谱》，中华书局，2012 年

贾天明《素馨萦怀——香学七讲》，三晋出版社，2012 年

日本部分

一色梨乡《香道的历史》，芦书房，1968 年

三条西公正《香道：历史与文学》，淡交社，1985 年

艺能史研究会《茶花香》，平凡社，1986 年

荒川浩和《香道具》，至文堂，1989 年

神保博行《香道物语》，めいけい出版，1993 年

香道文化研究会《香与香道》，雄山阁，1993 年

淡交社编《香道入门》，淡交社，1996 年

北小路功光、北小路成子《香道概说》，宝文馆出版，1996 年

蜂谷宗由监修，長ゆき编《香道的作法与组香》，雄山阁，1997 年

畑正高监修，宫野正喜写真，石桥郁子文《香千载——香所诉说的日本文化》，
光村推古书院，2001 年

神保博行《香道的历史事典》，柏书房，2003 年

畑正高《香三才——香与日本人的故事》，东京书籍，2004 年

荒川浩和监修，小池富雄、永岛明子编集《香道具——典雅与精致》，淡交社，
2005 年

中村修也监修《茶道香道花道与水墨画：室町时代》，淡交社，2006 年

堀口悟《香道秘传书集注的世界》，笠间书院，2009 年

NHK 美之壶制作班编《香道具》，NHK 出版，2010 年

畑正高《香清话——问于香，听于香》，淡交社，2011 年

稻坂良弘《香与日本人》，角川书店，2011 年

田中圭子《薰集类抄的研究》，三弥井书店，2012 年

松原睦《香的文化史——以沉香在日本的使用历程为主线》，雄山阁，2012 年

尾崎左永子、薰游舍《香道兰之园》，淡交社，2013 年

尾崎左永子《平安时代的薰香——追溯香文化的源流至王朝文化》，フレグ
ランスジャーナル社，2013 年

米田该典《正仓院的香药——香药材的品类调查与保护》，思文阁出版，
2015 年

荻须昭大《香之书》，雄山阁，2017 年

后记

经过 10 年的探索学习，《日本香道文化》终于脱稿付梓了。其实早在 30 年前，在我撰写博士论文《从茶至茶道的历程——茶文化的精神背景研究》期间就觉察到了日本茶道与日本香道的关联性，并开始了日本香道的体验和资料的收集。回国后到北大工作期间，学校要求我的教学内容在大历史、大艺术方面展开，于是，这个纯粹个人的学术兴趣被搁置了多年。2009 年，在完成了北大两门通选课的建设之后，我便开始着手日本香道的研究。

日本香道是在吸收中国香文化的基础上创新形成的。所以，我的研究是从对中国香文化的学习开始的。正恰中国香文化重振兴起，中国香学著作逐渐问世，我精读了陈敬《香谱》、周嘉胄《香乘》、林瑞萱《和香的艺术》、傅京亮《中国香文化》、贾天明《素馨萦怀——香学七讲》、叶岚《闻香》、严小青《新纂香谱》、扬之水《香识》等专著。我还到中医药大学、香料产地、香料市场、香文化文物出土地等进行实地考察学习。2010 年我创设了中国香文化的社会普及课程，教习中国香史、香诗、香药、香具、香书，传授香丸、香囊、香珠、塔香、线香的手工制作方法，并发明了"炉瓶盒三事篆香礼"。通过学习与教学，使我积累了一些中国香文化的研究能力。

　　较之上者，我对日本香道的学习过程却充满了困难。首先，因日本香道传袭于日本古代的皇家贵族，封闭性极高。甚至有人认为：只有收藏有沉香的家主才有资格参加香会，才能被称作香人，才有资格学习香道。由此，当今的日本香道教习活动仍然是小规模的，入门阶段就要求 3 年以上的学香时间，至于秘传奥义的传授，需要连续学习 20 年以上。再者，日本古代的香道传书数量颇丰，但大多是贵族的闲散笔记，缺少逻辑性，且多使用行话暗语。这些都给我的研究造成了巨大的障碍。

　　为了克服以上的困难，我动员身边的香文化爱好者与我一起前往日本学习香道。由于我们的逗留时间有限，日方老师就给我们安排了连续学习的机会，有时能连续学习 30 个学时。特别是日本京都松荣堂主畑正高先生给予了我日本香史较完整的知识，精通中国历史的日本泉山御流若宗匠西际重誉先生给予了我有关日本香道实践较系统的知识。经过 20 多次的赴日学习，我终于可以较顺利地阅读相关史料文献了。在研读史料文献的这几年，我每每为日本香道的精致、精美、精妙所震撼。由一粒沉香而引发的包括历史、文学、宗教、工艺、礼仪的这一行为艺术无疑是日本、整个东方乃至人类文明的瑰宝。

　　当此著写成后准备出版的阶段，我又遇到了新的问题，即照片的使用权问题。在我最困难的时候，是日本京都松荣堂主畑正高先生和摄影家宫野正喜先生伸出了援助之手。他们将近 100 幅珍贵的照片免费提供给本书使用，令我感激不尽。另外还有日本淡交社免费提供了 4 幅照片。在这里一并向他们表示诚挚的感谢。

　　我庆幸自己是一个中国人，因为对于传承自中国古代香文化的日本香道来说，只有具备汉学基础的学者才能较透彻地理解其繁复精细的内容。同时，我还认为，中国人有必要了解这门嗅觉的艺术，因为她是中国古代文化在域外发扬光大的优秀成果。

借此出版机会，衷心感谢：

已故香道研究奠基人神保博行教授

已故香道御家流三条西公正家元

神户大学仓泽行洋名誉教授

歌人、作家尾崎左永子女士

广岛女学院大学综合研究所田中圭子研究员

茨城基督教大学堀口悟教授

香道志野流蜂谷宗苾若宗匠

香道泉山御流西际重誉若宗匠

京都松荣堂主畑正高先生

京都摄影家官野正喜先生

陪伴我赴日学习的诸位香友

2020 年夏写于京西云月斋

后记

图书在版编目(CIP)数据

日本香道文化 / 滕军著. —北京：商务印书馆，2020
ISBN 978 - 7 - 100 - 18961 - 3

Ⅰ. ①日…　Ⅱ. ①滕…　Ⅲ. ①香料－文化－日本
Ⅳ. ①TQ65

中国版本图书馆 CIP 数据核字（2020）第 159963 号

日本香道文化

滕军　著

商 务 印 书 馆 出 版
（北京王府井大街36号　邮政编码 100710）
商 务 印 书 馆 发 行
天津联城印刷有限公司印刷
ISBN 978 - 7 - 100 - 18961 - 3

2020年12月第1版　　　　开本 720×1000　1/16
2020年12月天津第1次印刷　　印张 16½

定价：126.00元